磁场光学成像中
介质磁光特性实验研究

汪源源　著

哈尔滨工业大学出版社

HITP　HARBIN INSTITUTE OF TECHNOLOGY PRESS

内 容 简 介

磁光效应在光电子学和光子学方面、计算机和信息处理方面及磁场测量方面等的应用很多。为进一步提高现有地球磁场测量的效率,本书提出了一种利用光学成像的方法对地球磁场进行测量,该方法具有成像能力强、三维分辨率高、测量速度很快、没有测量盲点等特点。本书是地磁成像技术体系的部分实验研究工作,它的一个直接目的就是为地磁成像技术的研究提供一些可靠的实验数据,并对其具体的实现进行探索。

本书给出的方法、观点、结论具有一定的学术价值和应用价值,可以为研究磁光效应领域的科学工作者提供参考。

图书在版编目(CIP)数据

磁场光学成像中介质磁光特性实验研究/汪源源著.—哈尔滨:哈尔滨工业大学出版社,2021.9
ISBN 978 - 7 - 5603 - 9572 - 2

Ⅰ.①磁⋯ Ⅱ.①汪⋯ Ⅲ.①磁光学-应用-地磁场-测量 Ⅳ.①P318.1

中国版本图书馆 CIP 数据核字(2021)第 129127 号

策划编辑 张凤涛
责任编辑 王会丽
装帧设计 博鑫设计
出版发行 哈尔滨工业大学出版社
社 址 哈尔滨市南岗区复华四道街 10 号 邮编 150006
传 真 0451 - 86414749
网 址 http://hitpress.hit.edu.cn
印 刷 哈尔滨圣铂印刷有限公司
开 本 787mm×1092mm 1/16 印张 9.5 字数 200 千字
版 次 2021 年 9 月第 1 版 2021 年 9 月第 1 次印刷
书 号 ISBN 978 - 7 - 5603 - 9572 - 2
定 价 68.00 元

(如因印装质量问题影响阅读,我社负责调换)

前　　言

目前,磁光理论获得了相当大的发展。磁光效应在光电子学和光子学方面、计算机和信息处理方面及磁场测量方面等的应用很多,用于地磁测量的光泵磁力仪的原理就基于磁光效应。为进一步提高现有地球磁场测量的效率,本书课题组提出了一种利用光学成像的方法对地球磁场进行测量,该方法具有成像能力强、三维分辨率高、测量速度很快、没有测量盲点等特点。

磁旋光成像地球磁场测量方法是一个较大的技术体系,目前只是将其原理成功建立,有关的研究工作也才刚刚起步。本书是地磁成像技术体系的部分实验研究工作,所以它的一个直接目的就是为地磁成像技术的研究提供一些可靠的实验数据,并对其具体的实现进行探索。

本书论述地磁成像的原理和方法,介绍磁场二维成像的光路及设置,并对光路可行性及存在问题进行分析,详细介绍实验的具体过程,利用采集的图像数据,处理得出较为清晰的磁场强度二维分布图,通过与用于模拟局部磁场的磁体分布的比较,确认所得场强分布图像基本反映了磁体场强的分布。

由于气体的磁旋光很弱,要考查其费尔德常数,需要比较苛刻的实验条件,因此空气磁旋光特性随外界条件的变化少见报道。而本书对各种旋光物质(包括固体、液体和气体)的费尔德常数进行测量,并总结其随各种外界条件的变化而呈现出的一系列变化规律,也使得费尔德常数的数据比较系统、全面。本书通过分析实验误差及影响因素,给出各种规律的理论解释。

本书介绍了磁光调制的基本概念,根据磁光调制原理并结合李萨如图形方法,对正弦波、三角波、锯齿波及方波磁光调制进行了计算机模拟,其中特别模拟了入射光为部分偏振光的正弦波磁光调制。在计算机模拟的基础上,对以块状磁光玻璃为磁光介质的两种典型的磁光调制——正弦波磁光调制及方波磁光调制进行了实验研究,在实验中发现两种磁光调制都存在限幅效应。限幅效应对确定消光位置的精度没有影响,但降低了确定光强最大位置的精度。本书运用计算机模拟的方法,考查了基于矩形波信号的磁光调制方法在偏振光检测中的运用,得出这一方法在提高测量精度方面有良好的应用价值。

本书给出的方法、观点、结论具有一定的学术价值和应用价值,可以为研究磁光效应领域的科学工作者提供参考。鉴于作者水平有限,书中难免存在疏漏和不足之处,敬请广大读者批评指正。

汪源源

2021 年 4 月

目　录

第1章 绪 论

1.1 磁光效应的研究现状

光作为自然界最常见的能量形式,可以与其他多种能量形式发生作用,从而产生各种各样的物理效应,如光电效应、电光效应、光声效应、声光效应及磁光效应等。一束入射光进入具有固有磁矩的物质内部传输或者在物质界面反射时,光的传播特性,如偏振面、相位、散射特性发生变化,这个物理现象称为磁光效应。磁光效应包括法拉第效应(磁致旋光效应)、克尔效应、塞曼效应、磁线振双折射、磁圆振二向色性、磁线振二向色性,以及磁激发光、散射等许多类型。目前,研究和应用最广泛的磁光效应是法拉第效应和克尔效应。

1845 年,英国物理学家法拉第将一片玻璃置于一对磁极之间,发现沿外磁场方向的入射光经玻璃透射后的光偏振面发生了旋转,这是有史以来第一次发现的磁光效应,后来,称之为法拉第效应。自此以后,受法拉第效应的启发,1876 年又发现了光在物质表面反射时光偏振面发生旋转的现象,即克尔效应。随后,在 20 世纪 90 年代发现了塞曼效应(包括正常塞曼效应和反常塞曼效应)、巴克 – 古德斯米特效应、磁线振双折射现象(包括福格特效应和科顿 – 穆顿效应)及由光照引起磁性离子间的电子跃迁产生的光致磁变效应。与此同时,与这些效应相关的理论解释也相继获得了重要进展。

1956 年,贝尔实验室的狄龙(Dillon)等人在偏光显微镜下,应用透射光观察到了钇铁石榴石($Y_3Fe_5O_{12}$,YIG)单晶材料中的磁畴结构,从此揭开了磁光效应大量应用的序幕。特别是 1960 年第一台激光器的问世,使磁光效应研究走上了快速发展的道路。磁光理论也获得了相当大的发展,新的磁光材料和器件以及许多磁光性质和现象如雨后春笋般被发现或研制出来。应用最广泛的磁光材料有稀土铁石榴石、掺铋稀土铁石榴石单晶和薄膜、稀土－过渡族金属合金薄膜和磁光玻璃等。磁光器件有磁光偏转器、磁光开关、磁光调制器、隔离器、环行器、显示器、旋光器、磁强计、磁光存储器（可擦除光盘）和各类磁光传感器等，在光学信息处理、光纤通信和计算机技术以及工业、国防、宇航和医学等领域已经有了较为广泛的应用。目前，各种磁光效应在很多方面都有应用。

（1）在光电子学和光子学方面，已研制成磁调红外激光器、红外和可见光非互易磁隔离器、磁光调制器、闭锁式磁光开关、磁光和磁声光的光偏转器。

（2）在计算机和信息处理方面，已研制成或提出磁光逐点存储器、磁光全息存储器、光磁存储器、磁光隔离器及磁光传感器等。

（3）在科学研究方面，已应用于物质结构和能谱，强磁材料的磁参量、磁畴结构和磁共振，以及地球电离层和磁层、太阳磁活动区（如黑子、耀斑等）、天体（如磁星）和星际磁场等多学科多方面研究。

（4）在磁场测量（简称磁测）方面，已应用于电力系统大容量、大电流，高压传输的测量与监控，研制成光纤电流传感器。现有的地球磁测包括地面磁测、海上磁测、航空磁测、卫星磁测、地磁台测量等，有可能会用到光泵磁力仪。

1.1.1　光学方法进行磁测的研究现状

关于光学方法磁场测量，已经有一些研究和应用。如利用磁光方法测量高压输电线路产生的磁场，从而间接实现对高压大电流的测量。天文学家由星体磁光现象的观测与研究，发现了很多磁星，并且测定了白矮星的磁场、中子星的磁场、银河系和河外星系星际空间的磁场、星系际空间磁场、星系团内部空间的磁场以及宇宙磁场等。

光纤电流传感器用于电力系统大容量、大电流、高压传输的测量与监控，将由具有磁旋光特性的材料制成的光线螺旋缠绕在输电线上，电流将在输电线周围形成环向磁场，从而使通过光纤的偏振光发生法拉第旋转。测量这个旋光角度即可以得到输电线中流过的电流大小,也可以利用玻璃块传感头进行电流测量,其基本原理与光纤电流传感器大同小异。

天体磁场的最早科学观测是利用磁光效应获得成功的,利用磁光效应得到了太阳的磁场。利用磁象仪观测太阳的磁场,我国已建成高分辨率和高灵敏度太阳磁场望远镜(《当代磁学》P296),观测结果表明,太阳表面的普遍磁感应强度约为 10^{-4} T,并且随空间位置和时间而变化。

研究者提出一种在地球上观测彗星磁场的方案,采用观测彗星外层的中性钠原子的光谱线 D_1 和 D_2 的强度比以及 D_2 的偏振度,由此可以间接测量磁场强度。

观测研究氢光谱线两翼的圆偏振法、观测研究氢谱线残余移位的平方塞曼效应法,以及采用宽带滤光器测量研究连续圆偏振法等测量了白矮星的磁感应强度,白矮星在 $10^2 \sim 10^3$ T 量级,属于目前实验室尚难达到的超强磁场。

由星光偏振和塞曼效应的观测都推定和测定银河系星际空间存在磁场,并测定其磁感应强度为 $(5 \sim 10) \times 10^{-10}$ T。由塞曼效应和法拉第效应测定若干星际云和脉冲星的磁场,由星际云的中性氢的塞曼效应测定的银河星际磁感应强度为 $(2 \sim 50) \times 10^{-10}$ T,而由脉冲星的法拉第旋转效应测定的星际磁感应强度为 $(0.2 \sim 4) \times 10^{-10}$ T。由银河星系外射电波线偏振源的法拉第旋转效应推测星际空间磁感应强度为 $10 \sim 13$ T,由邻近星系的星光偏振也可以估计星系际空间的磁场。

运用光学方法对磁场的图像进行观察研究的工作也已经不少。1956年,贝尔实验室的 Dillon 等人在偏光显微镜下,应用透射光观察到了 YIG 单晶材料中的磁畴结构,后来有研究者利用磁光效应也观察到反铁磁体的磁畴结构。研究者还利用磁光效应和扫描近场显微镜发展了一种磁畴结构的彩色成像技术,应用这一成像技术可以直观地显现材料的静态和动态磁畴结构。此外,近年来迅速发展的磁光涡流成像技术,利用磁光效应及电磁感应原理,可以得到材料或机件中断口和缺陷的图像,因而被广泛应用于无损检测领域。

1907 年,外斯(P. Weiss)提出了磁畴概念,他以为磁性物质内部有很多小区域,在每个小区域内磁矩也会自发地平行排列,这种小区域称为磁畴。没有外磁场时,磁畴之间是混乱排列的。1931 年开始有了直接观察磁畴的方法,之后又陆续发现了许多可以用来证明和观察磁畴存在的方法,人们最为熟悉的方法是 Bitler 粉纹法,此外还有铁磁探针测量散磁场法、X 射线衍射线法、巴克豪森效应法和电子显微镜直接观察法等。但磁光效应比起上述各种方法,则更为清晰、直观和方便。

可以设想,当线偏振光透过具有磁畴的磁性物质时,沿正向磁畴部位透过的光的旋转与沿反向磁畴部位透过的光的旋转方向刚好相反。如用一个偏振镜挡去经反向透过的偏振光,则这一部分的磁畴将呈黑色。由于经正向磁畴透过的偏振光基本上没有被挡住,故这一部分的磁畴将呈白色,因此黑白分明的磁畴结构可以呈现出来。

磁畴的大小、形状、分布以及各种磁畴的磁化情况与磁场、应力、杂质分布等外部和内部因素密切相关,观察和了解磁性材料的磁畴结构及其动态变化,就可以知道材料的磁化和反磁化过程等情况,由此可以分析和推算材料磁性能的好坏,同时还可以找出提高材料性能的方法和途径。

近年来,利用磁光效应和扫描近场显微镜发展了一种磁畴结构的彩色成像技术。应用这一成像技术可以直观地显现材料的静态和动态磁畴结构,可观察畴壁的动态迁移情况,其磁光分辨率为 100 nm,远优于可见光波长。应用这一技术,可望定量测定材料的磁化强度 M,进而检测分析材料的有关性质。因此,磁光成像与著名的磁力显微镜成像相比,更有独到的优点。

此外,从 20 世纪 90 年代起,以美国为首的航空和航天大国便开始研究磁光/涡流成像检测方法,它是一种适用于航行器(如飞机)的快速、准确、可视化的无损检测方法。磁光/涡流成像检测的基本原理是:交流(脉冲)激励线圈在金属试件上感应出涡流,因为磁性物体表层缺陷会改变涡流场分布,相应地改变涡流激发的磁场,激光穿过集成于该激励线圈中的旋光晶体时,其偏振方向会旋转一个角度,这样,经过检偏器件就可以将涡流磁场的分布转换成相应的光强变化,经电荷耦合器(Charge Coupled Device,CCD)摄像机得有明暗变化的图像,即实现了对表面或亚表面缺陷的实时成像和检测。

1.1.2　地球磁测的研究现状

地球磁场是地球系统中少数几个将日、地、人连为一体的基本物理场之一。地球磁场的研究在科学探索、生产实践、航空、航海、航天等方面都有着重要的应用,在地震预报、磁法探矿、磁定向与磁导航、无线电通信、太阳活动预报、火山预报等领域都可以找到其用武之地。

高精度地磁图可以推动地球动力学、地球内部结构、板块构造理论等方面研究的发展。精确的中国地球磁场模型将补充和完善国际地磁参考场,有助于地球磁场起源问题的研究。被 IAGA(国际地磁学和高空大气学协会)认可编制的五年间隔的国际地磁参考场(IGRF)图,使研究地球磁场长期变化成为可能,而磁场长期变化的研究是迄今为止了解地球液态外核内磁流体运动特征的唯一途径,是地球深部电导率和地球内部动力学的基础,且有望推动被爱因斯坦称为科学难题的地球磁场起源问题的研究。

1. 地球磁测的应用

(1)防震减灾。

我国是一个地震多发的国家,地震灾害也十分严重。近些年发生的一系列强震更就我国当前面临的严峻地震形势向人们敲响了警钟。为保障人民生命财产安全和国民经济建设成果,防震减灾任务更加紧迫。地震预报是减轻地震灾害的有效途径,而地磁变化异常作为地震前兆信息之一,在地震监测预报中占有重要地位。地震监测预报工作要求地磁观测必须成场、成网,高分辨率的地磁参考场模型是深入开展震 – 磁关系研究的基础。

(2)磁定向与磁导航。

地磁现象的最早应用是利用强磁材料制成指南器和指南针来确定方向。在很长时期中,指南针和罗盘成了陆地、航海和航空中重要的定向和导行工具。从历史上看,也正是这些方面的需要,促进了早期地磁现象的探索和研究,建立了全球性的地磁观测点。

(3)磁法勘探。

地球表面局部的和区域的地磁异常反映了该地区地壳岩石的特殊构造

和性质。对地磁异常进行测量和分析的方法称为磁法勘探,此方法可以确定该地区的矿藏情况。该方法已广泛应用于强磁铁矿和一些与强磁矿共生的非强磁矿的普查和勘探。直接探矿,主要探测对象为强磁性矿床,如磁铁矿、磁赤铁矿、钒钛磁铁矿和金铜磁铁矿等;间接探矿,主要探测对象为含镍、铬、钴等的金属矿床,金刚石、硼、石棉等非金属矿,以及石油矿。

(4)太阳活动预报。

太阳耀斑爆发等剧烈活动都会伴随着强烈的高能带电粒子(主要是质子和电子)的辐射,形成太阳风。太阳风不但会引起地球磁暴,而且会对宇航人员、空间仪器设备造成较严重伤害,还会影响无线电通信。因此,地球磁暴可称为预报太阳剧烈活动的一项重要指标,这对宇航和空间活动都十分重要。

(5)对无线电通信的影响。

太阳风和太阳电磁辐射的剧烈活动引起地球磁层和电离层的强烈变化,产生很强的地磁扰动和磁暴。这些剧烈的地磁扰动会严重影响电离层对无线电波的传播和反射,因而会严重干扰短波无线电通信,甚至可使短波无线电通信暂时中断。

(6)对气候的影响。

太阳活动区的剧烈磁活动产生剧烈的远紫外线和 X 射线辐射,不但直接影响地球高层大气的温度、密度和磁场,还间接影响近地大气层的温度、压力和密度,因而影响大气环流和气象活动。例如,近代气象记录和树木年轮变化表明,18 世纪以来每 22 年一次的干旱周期现象,正好与太阳黑子活动周期和地磁活动指数变化周期相吻合,这证实了太阳磁活动(黑子)和地磁活动对气候的显著影响。

(7)地磁异常与预报。

地震发生前和发生时的岩石层受应力和形变影响,电磁性质会发生异常变化,其中地震前和地震后引起的地球磁场异常变化称为震-磁效应。原理上,震-磁效应可作为地震预报方法。较多的观察研究指出,在火山喷发前和喷发中会引起附近地球磁场的异常变化,这种异常变化称为火山-磁效应。这是因为火山附近的岩石,在火山喷发前和喷发过程中,会产生大的应力和形变,引起岩石电磁性质的变化。因此,可将火山－磁效应作为火山喷发预报的方法。

(8)地球磁场对人类和生物的影响。

地球磁场是人类和生物的环境因素,许多观测实验研究都表明,地球磁场存在对人类和生物的作用与影响。例如,地质时代一些低等生物的灭绝,许多次都是在古地球磁场反向的时期;一些生物,如鸽鸟、候鸟和海龟会利用地球磁场辨别方向和导航;一些水生细菌会遵循地球磁场的方向寻食和生活;一些人的生理节律和病理变化以及生物氨基酸和糖类的手征性也与地球磁场及其变化有关。地壳层中各种岩石具有强弱不同的磁性,它们会影响磁场中的异常场。因此,在一定条件下,可以利用地球磁测配合其他地球物理方法进行地质调查,例如,查明地质构造、断裂带和破碎带,划分不同岩相等。特别是航空磁测具有测量快速、测区广阔和不受水域、森林、沙漠等自然条件限制的优点,航空磁测曾经用来探查与地震带有关的断裂地带。

(9)古地磁研究。

由世界各地岩石磁性和古地磁的大量研究观测到,各大陆各个地质时期的地球磁场存在若干异常现象,例如,多个地磁极现象和地磁极大漂移现象。这些地磁异常现象应用大陆漂移学说都可以得到解释,也就是说,古地磁的研究有力地支持了大陆漂移学说。如我国喜马拉雅山地区的地磁观测研究表明,印度次大陆(板块)同欧亚大陆(板块)在地质时期曾经是分开的,后来大陆漂移使这两个大陆(板块)相碰撞成为一个大陆,喜马拉雅山便是因碰撞挤压而升起的。世界各大洋的地磁测量和海底岩石磁性的测量及研究表明,海脊两侧地球磁场呈对称起伏分布,海底岩石磁性呈周期性变化,而且海底岩石都没有很古老的岩石。这些都有力地表明,海底岩石并不是静止不动的,而是海脊地壳下不断喷出高温岩浆在当时的磁场中冷却磁化形成新岩石,随着时间推移,新岩推旧岩往两侧扩张,新岩盖旧岩往海底沉积,这样像磁记录一样在海底岩石中记录下不同地质时期的地球磁场强度和方向。

(10)磁－地电效应与地壳、地幔研究。

来源于地球外的变化磁场会在地壳中产生交变的地电流,地电流又会在地壳中产生交变的地球磁场和地电势差,这种变化称为磁－地电效应。交变的地球磁场和地电势差又都与地壳的电导率有关,对其进行观测和分析,即可求得测量点附近地电导率的大小和分布。另外,相邻地区同时观测地磁暴和短周期地磁变化的时变曲线时,各相邻观测点所观测的时变曲线却不一样,这是由于地壳和地幔上部的电导率不均匀,因此各观测点的感应地电流不同,这种现象称为地电导异常。这也是一种磁－地电效应,因此,可以利用磁－地电效应来研究地壳和地幔的构造。

2. 地球磁测的方法

现有地球磁测的方法有地面磁测、海洋磁测、航空磁测、卫星磁测等。

（1）地面磁测。

由测量人员携带地球磁场测量仪器在地面上流动测量,按测量的详细程度可分成普查与详查两类:普查工作包括的范围很广,从初步划分被研究区域的大地构造单元直至确定磁异常所处地段,都属于普查之列;详查则用于研究磁异常的形态特征。从找矿的角度来说,普查阶段包括从圈定找矿远景区直至寻找成矿有利地段;而详查则是进一步推断矿产的存在并进行评价。地面磁测的最主要特点就是灵活方便,既可以在一定的区域内成网进行测量,也可以随机抽取样点进行测量。测网的形状和密度、磁测比例尺和磁测精度等都可以根据具体需要而确定。

测网一般由互相平行的等间距测线和在测线上等间距分布的测点组成。在普查阶段,线距应不大于测量区内范围最小的异常的长度,而点距应保证同一测线上有三个测点落在异常的范围之内。在详查阶段,为使异常的形态能完整显示出来,一般应有不小于 $5 \sim 7$ 条测线穿过异常区,点距则应保证异常曲线连续,以使在加密测网时异常形态无变化。磁测比例尺的大小代表对测区磁场研究的详细程度。比例尺越大,表明研究越详细。地面磁测的比例尺一般为 1∶500 00 ~ 1∶500,相应地,每平方千米测点数为 8 ~ 20 000 个。

磁测精度代表对磁区磁场研究的可靠程度。磁测精度是由测量目的和磁异常强度决定的。在普查时,一般要求观测的均方误差不大于最低有意义异常极值的$\frac{1}{5}$;在详查时,均方误差应低于等值线间隔的$\frac{1}{3}$。

为保证精度,由各测点测得的结果应进行各项改正,其中包括地球变化磁场的日变改正和基本磁场的正常梯度改正、温度改正、仪器零点改正等。地面磁测不存在任何磁体的影响,这就使定向和导航误差减至最低,同时,或者采用专门工作方法,或者应用临近磁台的测量数据,可以消除各种时间变化,精度较高。

作为最早发展的磁测方法,地面磁测在具备方便灵活、精度较高优点的同时,也有诸多缺点。首先,测量效率很低,且需要耗费较多的人力物力。进行全面测量时,每隔20~30 km布置一个测点,组网测量,以这样的密度完成较大国土上的全面测量,需要数年时间,这样,由于地磁图上不同点的测量数据时间间隔和地球磁场具有缓慢变化的特征,因此造成了测量结果的畸变。同时,地面磁测地存在测量难以到达的区域,如高山之巅、沙漠、危险地带等,这就是测量结果的盲点。由于这些缺点,因此地面磁测现已较少用于大范围的全面测量,而多用于查明被圈定地区的磁场结构及用于磁法勘探等,以发挥其灵活方便、精度较高的优点。

(2)海洋磁测。

海洋面积几乎占整个地球表面积的70%,所以对海域地球磁场的测量也是地球磁测的主要内容之一,同时,地球磁测最早最重要的应用在于航海。利用船只携带仪器在海洋进行地磁测量,为编绘全球地磁图提供了占地球表面70%面积的海洋磁场测值。世界上最早的地磁图就是大西洋海区的磁偏角等值线图。

海洋磁场很强,距海底2~5 km的海面上测得的磁异常,其峰-峰幅度可达几百乃至上千纳特斯拉(1 T = 10^9 nT)。海洋磁测可分为路线测量与面积测量两种。路线测量是沿几条选定的长度进行的,面积测量的比例尺大多采用1:50万或1:100万。为了避免船体磁场的影响,现多采用专门的无磁性船。为了准确地确定船只的位置,现已应用卫星定位系统,它不受气候和风浪影响,能保证连续施工。磁偏角一般是用罗盘测量的,为了保证罗盘水平,将其置于常平架上。地磁总强度一般是用核旋仪测量的,它的探头用缆绳拖在船后数十米处。由于采用了这些措施,因此船体摇晃不会影响测量结果。但一般来说,海洋磁测的精度不是很高的。

海洋磁测具有类似地面磁测的特点,即灵活方便,但测量效率很低,在一个较大海域进行全面测量也需要很长的时间,这同样也会引起地磁图的畸变。同时,海洋磁测也和地面磁测一样有盲点。

(3)航空磁测。

航空磁测的比例尺为1:100万~1:2.5万,根据地质任务和探测对象大小来确定。飞行高度除了取决于磁测比例尺外,还取决于一些其他因素。一般来说,比例尺越小,飞行高度越高。飞行测量可分为基线飞行测量、测线飞行测量、重复线测量和切割线测量。测线方向应与成矿带或主要地质构造相垂直,切割线则与测线相垂直。为了消除飞机本身磁场对测量结果的影响,可采取两种办法:一种是用30~60 m长的缆线把探头悬吊在机身下面(简称飞测);另一种是将探头置于机内,用人工产生的磁场来抵消飞机的固有磁场(磁补偿法),补偿磁场可由坡莫合金或亥姆霍兹线圈产生。航空磁测目前多采用核旋仪、磁通门磁力仪和光泵磁力仪,这些仪器的灵敏度都很高,所测结果一般是地磁总强度。航空磁测具有快速,不受水域、地域、森林、高山、沼泽的限制及压低地表磁异常的干扰等优点,这表明航空磁测没有盲点,在一定的范围内也没有畸变,由航空磁测发现的磁异常一般须经地面磁测做进一步查证(简称航检)。

航空磁测可分为两种类型:一种是用核旋仪或光泵磁力仪进行地磁总强度标量测量;另一种是用分量核旋仪或磁通门磁力仪测量地磁分量。后者涉及高精度定向,难度比前者大得多。测量地磁总强度时,常采用低高度(几十米或几百米)、密测线(线距为几百米或几千米)的方案。高分辨航磁测量的飞行高度一般为150~300 m,线距为1.5~3.2 km,对于特定地区,飞行高度可降低为80~100 m,线距加密为400~500 m。测量地磁分量时,飞行高度为几千米,线距为几十千米。

用飞机做磁测较之其他磁测形式有着许多优点。其一,飞机可以用同一台仪器在森林、高山、海洋和沙漠上空进行测量,因此"难以到达的区域"这个概念实际上就不存在了;其二,飞机可以保证很高的测量效率。航空磁测资料,如同地面磁测和海洋磁测资料一样,可以用来解决与基本磁场、长期变化及与异常磁场研究有关的各种问题。

（4）卫星磁测。

卫星磁测是从 1965 年才开始的。由于卫星绕地球一圈只需很短的时间,因此所测的全球数据不受地球磁场长期变化的影响。卫星磁测还具有精度高（总强度精度达 1.5 nT）、资料数量大、覆盖均匀等优点。将卫星磁测资料与航空磁测资料、地面磁测资料结合起来进行分析,能更好地分离来自不同深度的磁异常。现在,卫星磁测不仅能测量地磁总强度,也能测量地磁分量。

地面磁测和海洋磁测精度高、方便易行,但速度太慢,除了要进行日变化改正外,不同时期的测量值要进行长期变化改正,不同测区的结果要进行比较和拼接,不同类型、不同精度的仪器在测量前后要与标准台仪器比测,确定仪器差异并加以改正,高山、荒漠等不易到达的地方缺少数据,所有这些都会影响最后结果的精度和可用性。航空磁测部分地弥补了上述不足,但要进行全球的三分量普测也非易事。卫星磁测为全球磁场的高精度快速测量提供了有力的工具,开辟了地磁测量的新纪元。通过卫星磁测,可以在很短的时间内获得全球磁场资料,这不仅可用来建立全球磁场模型,研究全球范围的磁异常,而且可以用来研究地球磁场的空间结构和电离层电流体系。

根据不同的测量目的,可以选择不同高度的卫星轨道。低轨卫星有利于测量地球磁场的精细结构,但由于空气阻力大,因此卫星寿命较短,不宜进行长期测量。地球同步卫星距离地心 6.6 个地球半径,只能发现地球磁场大尺度结构,而且当日冕物质抛射等太阳活动事件发生时,向日面磁层边界在增大的太阳风压力作用下,会被压缩到地球同步轨道以内,此时,卫星暴露在磁鞘区的湍流太阳风中,测到的是太阳风磁场,而不是地球磁场。因此,测量地球磁场的卫星高度一般选择在 600～2 000 km,绕地球一周的时间为1.5～3.5 h。

为使卫星测量轨道覆盖整个地球表面,必须选择极轨,即轨道倾角（轨道平面正法线与地球自轴的夹角）接近90°,倾角大于90°的轨道称为逆行轨道,在此种轨道上,卫星运行方向与地球自转方向相反。

轨道平面的选择是一个重要的问题,因为卫星在电离层以内或电离层以上飞行,所以电离层电流体系是最接近磁力仪的磁场源。为了尽可能减小电离层的影响,或者比较容易消除电离层起源的磁场,通常采用晨昏面太阳同步轨道。太阳同步轨道是指卫星轨道平面绕地轴旋转的角速度等于地球绕太阳公转的角速度的一种轨道。晨昏面太阳同步轨道卫星总是在地球晨昏子午面内运行,这样可以减小电离层夜间极光带电集流和白天电流体系及赤道电集流的影响。此外,卫星总是处在太阳照射下,不会进入地球阴影区,从而有利于卫星太阳能电池的工作。

3. 地球磁测的仪器

(1)地磁台。

地磁台用来连续观测地磁各要素随时间的变化。自动记录仪(即磁变仪)用来记录地球磁场的变化,它以曲线形式在照相胶片上连续记录种种变化。地磁台的任务在于保证磁变仪处于正常工作状态,并对其记录做出初步整理。磁变仪的正常工作状态可以保证在任何时候都能以一定的误差计算地磁各要素的绝对值。这些误差分别如下:磁偏角为 $\pm 0.1'$,水平分量为 $\pm 0.000\ 1$,垂直分量为 $0.000\ 1$。整理记录,就是把每小时的记录曲线的纵坐标换算成绝对值,再计算每一要素的月均值,并且编出每一要素在每小时与其月均值的偏差表,以及确定出一个昼夜时间段和每三个小时时间段的地磁活动指数。

地磁台的基本任务是取得可靠、连续、完整的地磁资料。一个地磁台的观测数值应能代表一定区域的正常地球磁场及其正常变化规律,也就是说,观测的地磁要素绝对值应基本符合地磁正常场(以国际地磁参考场或中国正常场为准)的一般分布。为了达到这一要求,在地磁台选址时应该做到:周围地下不存在磁性异常地质体、周围地下不存在电导率异常区、附近不存在人工电流干扰源。

地磁台测量的精度很高,而且可以实现长期连续的监测,数据很全面,可以最大限度地客观、准确地反映当地地球磁场及其变化规律。地磁台的测量数据往往作为其他磁测方法的基准值。地磁台测量的最大缺点是只能实现定点测量,不能测量区域内地球磁场的结构与分布。

地磁经纬仪用来进行地磁三要素(H, D, I)的绝对测量。显然,测出了这三要素,也就完全确定了地球磁场强度矢量。地磁经纬仪的磁偏角测量部分又称为偏角磁力仪,磁倾角测量部分又称为地磁感仪,而仪器的基座部分是公用的,配上不同的部件,即可测相应的地磁要素。

(2)偏角磁力仪。

偏角磁力仪用来测量磁偏角的绝对值,其原理很简单,即测量一个不受水平力的磁针与地理北向的夹角。这种用来直接感受磁场力的磁针称为磁系,将其用悬丝悬挂于扭头上,用望远镜对准安装在磁系上的反光镜反射的光线,然后通过读数镜读数。

(3)地磁感应仪。

地磁感应仪用来测量磁倾角。它是根据等体切割磁力线将产生电磁感应的原理设计的。其核心部件为一个安装在方向架上的感应线圈,感应线圈绕轴以一定速度(10 圈/s)旋转,当线圈旋转轴与地球磁场磁力线平行(即感应线圈法线垂直于磁力线)时,感应线圈中不产生感应电流,此时线圈旋转轴的倾角即为地磁倾角。

地磁感应仪原理如下:将一根条形磁体在中点处用悬丝悬挂起来,给它一个初始扰动,它将在地球磁场磁力矩和悬丝扭力矩的联合作用下绕垂直轴在水平面做扭摆振荡。在振幅很小的时候,可以得到地球磁场水平强度与磁铁转动惯量、磁铁磁矩、悬丝扭力系数、扭摆振荡振幅等参量之间的解析关系式。其中,转动惯量、扭力系数、振幅各量皆可测出,但因磁铁的磁矩不能测出,故由此关系式尚不能算出地球磁场水平强度 H。在高斯(Gauss)以前,人们只能利用此式来测量不同测点上 H 的比值。高斯于 1832 年提出了一种解决办法,可以测出 H 的绝对值,取另一根条形磁铁,设其磁力矩为 M',将其挂起来,然后将上述磁矩为 M 的磁铁固定在它附近,并让二者位于同一平面内,磁力矩为 M' 的磁铁将受到磁力矩为 M 的磁铁的作用而产生偏转,并最终静止于偏离磁北的某位置上。这里称磁力矩为 M 的磁铁为致偏磁铁,称磁力矩为 M' 的磁铁为受偏磁铁。根据两块磁铁的相对位置以及相应的电磁原理,可以推导出地球磁场水平强度 **H** 的表达式,同时还可求解磁矩 **M**。高斯绝对法采用磁铁的振荡与偏转相结合的方法求出地球磁场水平强度。

(4)水平强度扭力磁力仪。

水平强度扭力磁力仪用来测量地球磁场水平强度。该仪器的核心部分是一个用悬丝悬挂起来的磁针。其原理很简单,就是根据磁针在地球磁场磁力矩和悬丝扭力矩联合作用下的平衡方程来求解地球磁场的水平强度。

水平强度扭力磁力仪在仪器结构和工作原理上接近于地磁经纬仪中的偏角磁力仪,只是二者的测量对象不同:前者测量地球磁场的水平强度;而后者测量地磁偏角。

(5)磁变仪和磁秤。

地磁台一般使用磁变仪连续记录地球磁场随时间的相对变化,为了适应地球磁场的各种周期和幅度的变化,磁变仪分为几种类型:正常磁变仪、快速记录磁变仪和磁暴磁变仪,分别用于记录一般日变、地磁脉动和磁暴。一套正常磁变仪含有三台仪器,即偏角磁变仪、水平强度磁变仪和垂直强度磁变仪,用它们可以测出变化磁场矢量。快速记录磁变仪有多种,其中静磁式磁力仪适用于记录较长周期的地磁脉动,感应式磁力仪适用于记录短周期地磁脉动。前者是利用自由悬挂的磁针在地磁脉动的周期力强迫作用下做扭摆振荡的原理设计的;后者是利用地磁脉动这一周期变化磁场在线圈中产生感应电动势的原理设计的。磁暴磁变仪的原理和正常磁变仪差不多,仅格值和记录滚筒速度有所不同。其核心部件为一个磁系(即磁针),根据磁系与地球磁场之间的作用关系,得到地球磁场各要素的量值。

在野外磁测中通常采用磁秤测量地球磁场随空间的相对变化。磁秤和磁变仪的基本原理相同,都是利用磁系受磁力矩、扭力矩和重力矩的共同作用而处于平衡状态的道理来求某一地磁要素增量的。当然,为了分别适应地磁台连续记录和野外流动观测的需要,在仪器的具体设计上,二者还是有区别的。

(6)磁通门磁力仪、核旋仪。

磁通门磁力仪、核旋仪是两种现代磁测仪器,它们属于电子式磁力仪,具有灵敏度高、精度高、携带方便、操作简单等优点,目前被广泛应用于各种磁测工作中。

磁通门磁力仪又称为磁饱和式磁力仪,它是利用具有高磁导率且易饱和磁化的软铁材料在外磁场中非线性磁化的特点制造的磁测仪器。磁通门磁力仪有两种:一种是二次谐波式磁通门磁力仪,另一种是脉冲式磁通门磁力仪。

磁通门磁力仪的灵敏度可达 2 nT。它不但可用于地面和井中的相对磁测或绝对磁测,还可用于记录各种长、短周期的地磁脉动。用于航空磁测的磁通门磁力仪配有自动定向系统,它使得探头总是沿着探头所在点的地磁总强度方向,测量结果为地磁总强度值。另外,磁通门磁力仪还适用于弱磁场测量,正因为如此,它首先被用于太空磁场的测定。还有,在实验室常常需要创造人工无磁空间,用磁通门磁力仪则可检测此空间中的残余磁场。

核旋仪和核旋分量仪又称为质子旋进磁力仪,它是利用水、煤油等物质分子中的氢原子核在磁场作用下产生一定频率旋进的原理制成的测量地磁总强度的仪器。

核旋仪的探头是一个装有纯净水(或煤油、酒精、丙酮、苯等液体)的容器。水、煤油等物质的分子中含有氢原子。这类物质分子的磁性有一个共同的特点,就是每个分子中所有电子磁矩的矢量和等于零,除其中的氢原子核外,其他原子核的磁矩的矢量和也等于零,整个分子磁矩就等于其中的氢原子核的磁矩。

由于质子的旋磁比是质子本身的内禀常数,与外界条件无关,因此在用核旋仪测量磁场时,不受温度等环境因素的影响,也没有零点漂移问题,观测结果无须进行校正,这是核旋仪的又一优点。

在使用核旋仪时,无须精确定向,只需将线圈磁轴大致置于地球磁场的垂直方向上就行了。用核旋仪测量地球磁场的工作效率是很高的。由于频率的测量比较精确,因此核旋仪的观测精度非常高,为 1 ~ 2 nT。除此之外,核旋仪还具有体积小、操作方便等优点,因此被广泛用于地面、海洋、航空等各领域的磁测工作中。

核旋仪的观测工作分极化与测量两步,因此不能用来做连续记录。

如果探头所在处的磁场是不均匀的,感应电动势衰减还将更快些。事实上,当地球磁场梯度大于 10 nT/cm 时,感应电动势衰减之快就达到无法测量的程度。因此,核旋仪只能在磁场梯度较小(3 ~ 5 nT/cm)的地点进行测量。

用核旋仪只能测量地磁总强度,要想测量水平强度与垂直强度,可使用核旋分量仪。核旋分量仪由核旋仪和亥姆霍兹线圈组成,其原理是用亥姆霍兹线圈产生的人工磁场补偿掉地球磁场的一个分量,然后由核旋仪测出剩下的地球磁场分量。测量时,将核旋仪的探头放在亥姆霍兹线圈的中心位置,给其通以直流电流。当测量地球磁场的水平分量时,则应将其垂直分量补偿掉,因此,亥姆霍兹线圈的磁轴应处于竖直方向;当测量地球磁场的垂直分量时,则应将其水平分量补偿掉,因此,亥姆霍兹线圈的磁轴应水平置于磁南北方向。同时,调节线圈中电流的大小,可以达到补偿的目的。

(7)光泵磁力仪。

光泵磁力仪是一种绝对磁测仪器,用来测量磁场总强度,其原理与核旋仪有某些相同之处,都是利用外磁场对原子所产生的作用来测量外磁场。所不同的是,核磁仪涉及原子核磁矩,而光泵磁力仪涉及原子的总磁矩,核旋仪所用元素是氢,而光泵磁力仪所用元素是碱金属铷、铯,另外还有氦、汞等。

光泵磁力仪利用原子的塞曼效应,测量原子能级在外磁场中发生分裂所产生的子能级之间的原子跃迁来测量磁场。设在地球磁场中,一个氦原子处在 $^3S_1$ 态的某一个子能级上,现在加上一个频率为 ν_0 的交变电磁场,使得 $h\nu_0$ 正好等于相邻两子能级的能量之差,于是原子将在两子能级之间发生跃迁。从有关的物理学原理可以得到,激发原子跃迁的交变电磁场的频率与地球磁场的频率成正比,因此,如果测出了此交变电磁场频率,也就知道了地球磁场的总磁感应强度 $\boldsymbol{B}$。不过这里有一个问题要解决,就是在实际测量时怎么判断出所加交变电磁场的频率正好满足跃迁条件,或者说怎么判断原子正在进行 $^3S_1$ 态相邻两原子能级之间的跃迁。光泵磁力仪的关键就是要解决这个问题。事实上,仪器在加交变电磁场(或称为射频磁场)的同时,让一束有特定频率的光强度的变化来检测跃迁条件是否已满足。

通过光泵作用,氦气样品原子都集中到能量较高的子能级上(磁量子数),这时,由于各原子磁矩都处在同一方向上,样品将获得宏观磁矩,因此上述过程又称为光学取向。当氦气样品达到光学取向以后,此时加一频率满足跃迁条件的射频电磁场作用,氦原子将在 $^3S_1$ 态中的相邻两子能级之间发生受激跃迁。

当原子从低能级向高能级跃迁时,需要从入射光吸收能量,这样透过氦气的光强度就会变弱。达到光学取向时,光学跃迁不再发生,此时透射光强度恢复至最强。当加入射频以后,由于取向作用,原子又分别处于 $^3S_1$ 态的各子能级上,光泵作用亦随之重新开始,透射光又变弱。当射频场频率满足跃迁条件时,透射光强度达到最弱,并保持在这一稳定值上。实验时,当透射光强达到最弱时,测出此时的射频电磁场频率 v_0,就可据此算出地球磁场的总磁感应强度 B。

光泵磁力仪与核旋仪一样,属于测频仪器,故精度极高,可达 10^{-2} nT,且不存在温度影响和零点漂移等问题,使用时也无须精确定向。较之核旋仪,它还具有能连续记录地球磁场和不受地球磁场梯度影响等优点。光泵磁力仪现已广泛用于地面、航空和海洋磁测工作。

4. 地球磁测方法的局限性

现有的这些磁测方法和仪器各有优缺点,也各有适用范围。随着地磁研究和利用的深入,对地球磁场测量的要求越来越高,现有的这些地球磁测手段,逐渐显露出一些局限性。

(1)测量效率低、速度慢。作为发展最早的地磁测量的两种基本方法——地面磁测和海洋磁测完成国土范围或某一较大海域的测量往往需要几年时间,这也造成了测量结果的畸变。航空磁测、卫星磁测要全面完成覆盖全球的测量任务,也需要较长的时间。

(2)地面磁测、海洋磁测有测量难以到达的区域(也称为盲点),其他几种方法测点间隔较大,不能很好地反映地球磁场细部结构及地磁复杂地区局部磁异常。

(3)大多数现有方法测量能力仅限于零维(单点测量)到一维(飞机、卫星运行轨道上的线测量),刻画地球磁场的三维空间分布与结构比较困难,也较难得到对地球磁场的整体直观印象。

为了克服现有磁测方法的诸多局限性,提高地球磁场测量的效率,设想利用光学成像的方法对地球磁场进行测量。对地球磁场的测量目前还都限于单点测量的方式。人们只是在地球磁场的局部观察上曾经进行了尝试,美国国家航空航天局从卫星上发射可在太阳光中产生金属离子的爆炸筒,在高空产生方圆上千千米的金属雾气,为看不见的地球磁场"着色"进行观测研究。

1.2 磁旋光成像地球磁测方法的提出

本课题组提出了一种新的地球磁测方法。利用地球表面反射的太阳光的偏振特性,以及地球大气层的法拉第效应,最终可在卫星上测量偏振光在穿越大气层后偏振面转过的角度,就可以得到地球磁场的信息。新方法具有成像能力,可以直接获取地球磁场的结构图样。

1.2.1 磁旋光成像地球磁测方法的工作原理

本探测方法的基本理论基础就是布儒斯特定律和法拉第效应。布儒斯特定律保证了介质表面反射光具有偏振性质,法拉第效应则把磁场与光学可测量量——偏振光振动面的旋转角度联系了起来。

地球表面反射的太阳光为偏振光(通常是部分偏振光,其偏振方向垂直于入射面),这为本探测方法的实现提供了先决条件。这里利用了地表反射太阳光为偏振光这一事实,采用地面反射的太阳光作为本探测方法的光源,而以大气层作为磁旋光介质,在卫星高度利用光学系统测量地面反射偏振光穿过大气层以后其振动面转过的角度,从而得到地球磁场的信息。

磁旋光成像地球磁测基本工作原理如图1.1所示。以一条光线为例,太阳光(自然光)在地面A点发生反射,称为部分偏振光,其优势振动方向垂直于由太阳S、反射点A、探测器D三点确定的平面,在图1.1中,该优势振动方向垂直于纸面。从A点出发的部分偏振光穿过一定距离的大气层,由搭载人造地球卫星的探测器接收(卫星轨道面垂直于纸面)。大气具有一定的磁旋光性质,受地球磁场的作用,到达探测器的光线与从地面出发时相比,其偏振方向已经转过了一定角度。通过光学检偏及处理,可以测出探测器处偏振光的振动方向,则这一方向与地面处偏振光的初始振动方向之间的差值就是光的振动方向所转过的角度,这个旋转角度包含了地球磁场的量度信息。

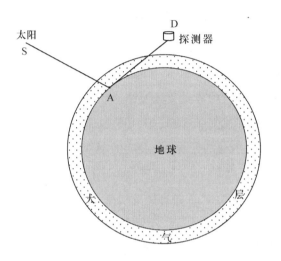

图 1.1 磁旋光成像地球磁测基本工作原理

由于利用了大气的法拉第效应,因此本方法仅适用于对大气层(严格说是稠密大气层)范围内的地球磁场分布进行测量,而无法测量大气层以外的地球磁场。法拉第效应是与光的波长有关的,在同样条件下,不同波长的偏振光的旋光角度是不同的。因此,本方法的探测不能采用复色光,而要采用单色光。由于地球表面大部分被海洋覆盖,因此总体上呈现为一颗蓝色的星球。也就是说多数的地表反射光中蓝光成分较多,同时,蓝光波长较短,法拉第效应相对较强,有利于探测。因此,在本方法中,选用蓝光进行成像探测,这在技术上很容易实现。尽管地表反射光是复色光,但只需在探测器光路中加入所需单一波长(如 450 nm)蓝色滤光片,让指定波长的蓝光通过,而把其他波长的光滤去即可。

地球表面反射光一般不可能是线偏振光,而只是部分偏振光。可以预想,如果这种部分偏振光越接近线偏振光(也就是偏振度越大),也就越有利于对其磁旋光进行检测。根据实验,水的布儒斯特角约为 55°,而沙漠、泥土、岩石的反射光偏振度分别在入射角为 63°、75°、64° 时达到最大。由于地球表面大部分为水所覆盖,因此为使地面反射光的偏振度尽可能大,将以水的布儒斯特角为主要依据,同时兼顾沙漠、泥土等典型地表,最终把地表反射的入射角确定为 60° 左右。

稠密大气层的厚度接近 100 km,而由于反射光与地表法线之间的夹角约为 60° 左右,因此反射光穿过大气层的总距离约为 200 km。在蓝光波段内,大气的费尔德常数约为 10^{-4} (′)/cm·mT,稠密大气层内地球主磁场的平均强度约为 0.05 mT,局部异常场大约为 0.01 mT 左右,而较强的磁暴强度约为 500 nT 左右。反射光线穿过大气层以后,由地球主磁场引起的旋光角度约为 1.7° 左右,由局部异常场引起的旋光角度约为 20′,而由磁暴引起的旋光角度约为 1′。由此看来,对于主磁场和局部异常场,本方法无疑是可以有效探测的,而对于磁暴,采用灵敏度较高的检偏及成像元件也可能有效探测。

由于目前还没有大气旋光特性随温度、气压等因素而变化的系统实验数据,所以尚不能就大气的不规则性和不均匀性对本方法探测效果的影响做出充分的估计。可以预计,大气不规则性和不均匀性肯定会在一定程度上导致探测效果有所下降,但是否能造成严重影响,只有等待大气旋光特性实验完成之后才能确定。

1.2.2 磁旋光成像地球磁测方法的特点

(1)具有成像能力,可以直接得到地球磁场的图像,从而获取对地球磁场的直观感性认识。

(2)测量速度很高,若合理设置太阳同步卫星的轨道以及测量覆盖带的宽度,可望在数周甚至数天之内完成全球测量,这同时也避免了测量时间过长而引起地磁图的畸变。

(3)作为成像方法,像点(即测点)的排列是紧密的,无空缺地带,同时其分辨率可通过提高成像器件的分辨率而得到提高。作为一种普查手段,本方法地面处的探测分辨率有可能达到百米量级,比传统的普查大为提高,并且没有测量盲点。

(4)具有三维分辨率,可获得地球磁场的三维空间结构图样,同时实现对地球磁场各个高度层面上的全面观测。

总而言之,从原理来看,磁旋光成像地球磁测方法最大的特点就是直观性、立体性和高效性。直观性和立体性使人们进一步认识地球磁场的庐山真面目;高效性使这一方法几乎可以实时监测全球地球磁场的变化。

同时也应当看到,由于测量结果受大气条件的影响,因此与现有测量方法相比较,本方法的测量精度相对较低。磁旋光成像地球磁测方法是一个较大的技术体系,目前只是将其原理成功建立,有关的研究工作也才刚刚起步。目前,地表反射特性实验的一部分已经完成,旋光成像正在实验室模拟之中,已经得到了永磁体磁场分布的若干图像,层析成像算法正在建立过程中,大气磁旋光特性的研究尚在进行之中,大气模型、卫星轨道模型等正在建立。同时,目前对大气的不规则性与噪声对探测的影响,对本方法的探测能力、精度等尚未能做出充分的估计。所有这些都是在未来的工作中需要解决的问题。

由于直观、立体、快速高效而又精度较低的特点,因此本方法更适合作为地球磁场测量的一种普查手段,而同时可以将传统方法作为详查手段,二者结合使用。可以采用本方法全天候、近实时地监测全球地球磁场,随时发现地球磁场的异常变化,在重点地区、异常区域运用传统磁测方法进行详细测量,发挥传统磁测方法测量精度高的优势。这样,新老磁测方法相互配合,取长补短,可以取得最佳的测量效果。

1.2.3 有关的模型

法拉第效应可以用下式表示:

$$\theta = \int V\boldsymbol{H}\mathrm{d}l \qquad (1.1)$$

式中,θ 为偏振光振动面的旋转角度;V 为介质的费尔德常数;$\boldsymbol{H}$ 为磁场强度;l 为光在介质中走过的距离。

此次任务就是通过测量旋转角度 θ,反推出磁场强度 H。在本方法中,磁光介质就是大气,大气的费尔德常数并非处处相同,它随着大气的温度、气压等因素而变化。

这里要涉及这样几个问题:探测器处于不同位置时,光线从地面反射点传播到探测器途中穿过大气层的途径与距离;不同温度、气压下大气的费尔德常数考查;实际大气模型的建立,包括大气温度、气压、大气成分等的分布模型。

为了使入射太阳光与反射光保持较为恒定的夹角,以保证反射光具有尽可能大的偏振度,这里选择将探测器搭载于太阳同步轨道卫星上。根据卫星轨道的高度和形状、卫星和太阳的相对位置,以及地面目标区域的位置,通过几何关系,可以确定卫星运行到任意位置时每一地面目标点的反射光线穿过大气层的路径及距离。

对不同条件下(温度、气压等)大气的费尔德常数准确、详细地考查,也是保证本探测方法能够有效运行的前提之一。常温、常压下大气的费尔德常数已经有比较公认的测量数据;而在高温、低温、低压情况下对空气的磁旋光特性,以及空气磁旋光特性随大气条件变化的研究则少见报道。目前,大气磁旋光特性实验系统已经建立。

大气模型的建立包括大气温度、气压、大气成分的分布模型。最主要的模型就是分层模型,大气温度、气压、大气成分等分布的最大特点就是随高度而变化。在稠密大气层内,大气温度随着高度有着比较确定的变化规律,此外,温度还随昼夜、季节、纬度而变化;大气压力随着高度的增加是逐渐减小的,同时它也随昼夜、季节、纬度而变化;大气成分在稠密大气层范围内基本上是不变的。具体的分布模型可以参照大气科学的研究成果及测量数据。

地面目标点反射的太阳光穿过大气层,最终到达位于卫星平台上的探测器。探测器实际上是一个特殊的空间相机,在探测器的成像面上显示出来的其实只是一幅地面景物的图像,经过检偏和处理以后,才能得到偏振光的振动方向。探测器的结构与普通航空相机的不同之处是在光路中增加了一个检偏器。检偏器的旋转驱动装置与 CCD 的数据采集装置存在某种同步。检偏器、CCD 成像面所接收到的光的强度将随之变化。当 CCD 采集到某一像元上光强的最大值(或最小值)时,检偏器转过的角度就反映了该像元对应的光线的偏振方向。

　　由于每一地面目标点反射光的初始偏振方向总是垂直于其入射面,即垂直于由太阳、地面目标点、探测器三者决定的平面,因此根据这三者的空间相对位置,通过几何关系即可得到每一条反射光线的初始偏振方向。每条光线在探测器处的偏振方向与其初始偏振方向的差值,就是该条光线穿过大气层后振动面的旋转角度,这反映了这条光线所经过的路径上的地球磁场信息(大气层范围以内)。探测器成像面上得到的图像信息经过处理以后,即可得到光线振动面的旋转量在成像面范围内的二维分布,这样就形成了磁旋光成像。

　　从上述可知,探测器测量得到的旋光量,是反射光整个传播路径上地球磁场的累积效应,不能直接分离出其中某一特定空间点的地球磁场量值;与旋光量直接关联的不是地球磁场矢量本身,而是地球磁场矢量在光传播方向上的投影。这里运用层析成像的方法对这些问题加以解决,恢复出每一点上的地球磁场。

　　此处的层析成像与普通层析成像的形式是略有不同的,首先光路的配置形式不同,其次地球磁场是矢量,所以需要把普通层析成像的算法加以改进才能在本方法中运用,但其原理与基本思路则与普通层析成像是相同的。层析成像的算法目前正在建立之中。

　　层析成像完成之后,地球磁场三维空间成像才真正被建立起来。实际上,三维图像是难以具体显示的,因而层析过程得到的所谓三维成像实际上是指三维空间地球磁场矢量所有数据的总集合,根据具体需要,可以用计算机根据这些数据绘制空间任一平面(或曲面)的二维图像。

1.3　研究的内容

1.3.1　研究的意义

　　磁旋光成像地球磁测方法是一个较大的技术体系,目前只是将其原理成功建立,有关的研究工作也才刚刚起步。本书是地磁成像技术体系的部分实验研究工作,它的一个直接目的就是为地磁成像技术的研究提供一些可靠的实验数据,在本方法中,磁光介质就是大气,大气的费尔德常数并非处处相同,它随着大气的温度、气压等因素而变化。对不同条件下(温度、气压等)大气的费尔德常数准确、详细地考查,也是保证本探测方法能够有效运行的前提之一。

由于此方法的原理是建立在法拉第效应的基础上,因此对不同条件下介质的费尔德常数准确、详细地考查也是本探测方法所要做的工作之一。固体、液体在常温、常压下的费尔德常数已经有比较公认的测量数据,但由于气体的磁旋光很弱,要考查其费尔德常数需要比较苛刻的实验条件,因此空气磁旋光特性随条件的变化则少见报道。而本书对各种旋光物质(包括固体、液体和气体)的费尔德常数进行测量,总结其随各种外界条件的变化而呈现出的一系列变化规律,也使得费尔德常数的数据比较系统、全面。

为了更为直观有效地探测地球磁场,需建立一种利用法拉第效应测量地球磁场的新方法。该方法利用地球表面反射太阳光的偏振特性,以及地表反射光通过地球大气层后的法拉第效应,最终可在卫星上测量该偏振光在穿越大气层后偏振面转过的角度,再利用反演算法得出地球磁场的信息。该方法具有三维成像能力,可直接获取地球磁场的空间结构图样,且测量效率极高,可在数周甚至数天之内完成全球测量任务,同时新方法的测量没有盲点,没有畸变。

本书在这一方法的基础上,重点研究其中磁场强度的二维分布成像部分,目的在于获取磁场二维分布的直观图像,对该方法的可行性进行初步实验验证,探索二维成像的可能方案,掌握更高精度的偏光检测方法,为随后的二维层析成像、立体层析成像积累经验和基础。

1.3.2 研究方法

磁光调制是法拉第效应的重要应用,自提出以来,已在光信息处理各个方面得到了广泛的应用。磁光调制技术的研究主要集中于两个方面:一个是磁光调制技术应用于光信息处理,另一个是磁光调制技术应用于偏振检测。磁光调制概念的基础是正弦波磁光调制,在此基础上,人们从理论上研究了磁光调制的损耗特性,讨论了磁光调制的频率特性等。正弦波磁光调制为人们寻找新的磁光材料,并从各个方面为改善磁光调制的性能提供了依据。

法拉第磁光材料的研究是磁光调制技术研究的重点,目前人们已经研究了多种材料作为磁光介质的磁光调制器,其中有 YIG 单晶磁光调制器、石榴石单晶薄膜磁光调制器、玻璃磁光调制器及薄膜导光磁光调制器等。在全光纤磁光调制器的研究方面,人们也做了大量的工作。法拉第磁光材料的结构形状主要有三种:块状磁光晶体、磁光晶体薄膜和磁光材料光纤。目前,对法拉第磁光材料的研究主要集中在寻求新的材料、改善材料的性能、提高材料的温度稳定性、提高法拉第旋转角和增加线性范围等方面。

由于气体的旋光角非常小,消光法和半荫法都不能很好地达到测量精度,甚至难以检测出来,因此采用倍频法。倍频法是由交流调制法派生出来的,它是在光路中放置一个磁光调制器(在螺线管中置入磁旋光介质即可构成)通以交变调制电流 $i = i_0 \sin \omega t$,调制线圈产生交变磁场 $\boldsymbol{B} = \boldsymbol{B}_0 \sin \omega t$,从而使穿过调制介质的光束的振动方向发生小幅度的周期摆动,其摆角为

$$\beta = VL\boldsymbol{B}_0 \sin \omega t = \beta_0 \sin \omega t \qquad (1.2)$$

式中,$\beta_0 = VL\boldsymbol{B}_0$。

当检偏器透光方向和光束偏振方向的夹角为 φ 时,则由检偏器输出光强为

$$I = I_0 \cos^2(\varphi + \beta) \qquad (1.3)$$

由于摆角 β 很小,因此 $\sin \beta \approx \beta, \cos \beta \approx 1$,则

$$\cos^2(\varphi \pm \beta) = \cos^2 \varphi + \beta^2 \sin^2 \varphi \mp 2\beta \cos \varphi \sin \varphi \qquad (1.4)$$

当 $\varphi = \dfrac{\pi}{2}$ 时,即在消光位置,则

$$\cos \varphi = 0, \sin \varphi = 1, \cos^2(\varphi \mp \beta) = \beta^2 \qquad (1.5)$$

因而,此时检偏器输出光强为

$$I = I_0 \beta_0^2 \sin^2 \omega t = \frac{1}{2} I_0 \beta_0^2 (1 - \cos^2 \omega t) \qquad (1.6)$$

表明检偏器在消光位置时,调制信号的基频消失,出现倍频信号,由此可用出现倍频信号来确定消光位置,称为倍频法。

由于基于频率测量,因此倍频法具有较高的测量精度。由于光源及光路中元件的不稳定一般只影响信号的幅值而不影响频率,因此倍频法具有较强的抗干扰性。

实验中是将调制信号与倍频信号输入双踪示波器,将二者波形进行对比,即通过观察李萨如图形确定是否达到倍频。

在示波器中,示波管内的电子束受到 x 轴偏转板上正弦电压作用时,屏上光点做水平方向的谐振动;受 y 轴偏转板上正弦电压作用时,屏上的光点做垂直方向的谐振动。当 x 轴与 y 轴偏转板同时加上正弦电压时,光点的运动是两个垂直振动的合成,当 x 轴方向振动频率与 y 轴方向振动频率为整数比时,合成的轨迹是一个封闭的图形,即李萨如图形,如图1.2所示。

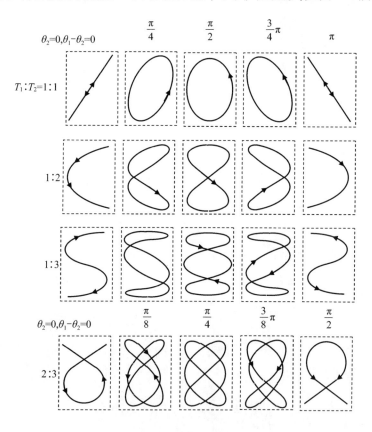

图1.2　李萨如图形

倍频法实验中,连在示波器上的两个信号频率比为 $1:2$,因此,达到倍频状态时,示波器上的波形为图 1.2 中第二种情况。

1.3.3　主要内容

(1)消光法偏光检测基础上的二维磁场成像的方法和过程,重点介绍其中的数据处理方法。在得出处理结果的基础上,为使实验结果更为直观,便于利用和对比,制作针对实验结果的比对卡。其后,借鉴偏光检测微小旋转角测量中的倍频法,把倍频法和前面的成像方法结合起来,设计新的实验方案。对该方法进行较为透彻的介绍和分析,定性地比较两种方法可能引起的误差,确认倍频法具有更高的测量精度。

(2)对气体的测量设计高精度的实验装置,主要内容为介质磁致旋光性质的测试。在温度为室温,波长为 650 nm 的入射光波下,分别对水、轻火石玻璃(QF12)、重火石玻璃(ZF3)、K9 玻璃及空气的法拉第效应进行实验研究,总结在相同条件下,液体、固体、气体的费尔德常数的变化规律。在不同波长的光波入射条件下,分别对液体、固体、气体进行考查,以此总结外界波长对费尔德常数的影响及费尔德常数随波长的变化规律。在不同温度情况下,考查费尔德常数的变化规律。对上述实验进行误差分析,并给出各种规律的理论解释。

(3)根据计算机模拟结果,考查基于矩形波信号的磁光调制方法在偏振光检测中的运用。讨论正弦波磁光调制的小角度近似问题,根据计算机模拟和实验研究的结果,对正弦波及方波磁光调制进行比较分析。

参 考 文 献

[1]徐文耀. 地磁学[M]. 北京:地震出版社,2003:1-63.

[2]李国栋. 当代磁学[M]. 合肥:中国科学技术大学出版社,1999:280-286.

[3]GERSHENZON N I, GOKHBERG M B. Earthquake precursors in geomagnetic field variations of an electrokinetic nature[J]. Izv Acad Sci

USSR Phys Solid Earth, 1992, 28(9): 809 – 813.

[4] NABIGHIAN M N, GRAUCH V J S, HANSEN R O, et al. The historical development of the magnetic method in exploration[J]. Geophysics, 2005, 70(6):33 – 61.

[5] WIEGAND M. Autonomous satellite navigation via Kalman filtering of magnetometer data[J]. Acta Astronautica, 1996, 38(4 – 8): 395 – 403.

[6] WILSON R M. A prediction for the size of sunspot cycle 22[J]. Geophys Res Lett, 1988, 15(2):125 – 128.

[7] LAW L K, AULD D R, BOOKER J R. A geomagnetic variation anomaly coincident with the Cascade volcanic belt[J]. J Geophys Res, 1980, 85(B10):5297 – 5302.

[8] 扬诺夫斯基 БМ. 地磁学[M]. 刘洪学, 译. 北京:地质出版社, 1982: 24 – 31.

[9] 倪永生. 地磁学简明教程[M]. 北京:地震出版社, 1990:264 – 271.

[10] 刘公强, 乐志强, 沈德芳. 磁光学[M]. 上海:上海科学技术出版社, 2001:30 – 52, 227 – 231.

[11] NING Y N, CHU B C B, JACKSON D A. Miniature Faraday current sensor based on multiple critical angle reflections in a bulk – optic ring [J]. Opt Lett, 1991, 16(24): 1996 – 1998.

[12] ANGEL J R, BORRA E F, LANDSTREET J D. The magnetic fields of white dwarfs[J]. Astrophys J Suppl Ser, 1981, 45(3):457 – 474.

[13] BIGNAMI G F, CARAVEO P A, LUCA A D, et al. The magnetic field of an isolated neutron star from X – ray cyclotron absorption lines [J]. Nature, 2003, 423(6941):725 – 727.

[14] SPOELSTRA T A T. The galactic magnetic field[J]. Sov Phys Usp, 1977, 20(4):336 – 342.

[15] KRONBERG P P. Galactic and extragalactic magnetic fields in the local universe: an overview[J]. AIP Conf Proc, 1998, 433(1):196 – 211.

[16] KRONBERG P P. Intergalactic magnetic fields and implications for CR and

γ ray astronomy[J]. AIP Conf Proc, 2001, 558(1):451 – 462.

[17] DENNISON B. On intracluster Faraday rotation. I. Observations [J].
　　Astron J, 1979, 84(6): 725 – 729.

[18] BERNARDIS P D, MASI S, MELCHIORRI F, et al. Extragalactic
　　infrared backgrounds, polarization, and universal magnetic field [J].
　　Astrophys J Lett, 1989, 340(2):L45 – L48.

[19] DILLON J F. Optical properties of several ferrimagnetic garnets [J].
　　J Appl Phys, 1958, 29(3):539 – 541.

第2章 磁光效应

2.1 磁光效应理论基础

磁光效应是光与具有磁矩的物质相互作用的产物。有两种经典理论分别描述磁光效应：一种是由塞曼、福格特根据麦克斯韦的电磁理论和洛伦兹的色散理论，在20世纪初期发展起来的磁场中的经典电子动力学理论；另一种是用介电常量张量的麦克斯韦方程来描述磁光效应的经典理论，称为宏观理论。这两种理论各有特点且相辅相成。

2.1.1 磁光效应的应用

磁光效应指的是具有固有磁矩的物质在外磁场的作用下，电磁特性发生变化，使光波在其内部的传输特性也发生变化的现象。早在1845年法拉第在实验中发现，入射光线在被磁化的玻璃中传播时，其偏振面会发生旋转，这一现象称为法拉第效应。法拉第效应第一次显示了光和电磁现象之间的联系，促进了对光的本性及磁光作用的研究。20世纪60年代，由于激光和光电子技术的兴起，光磁效应被发现，因此磁光相互作用的原理和效应被广泛研究和利用。利用该原理可以制成光纤通信系统中的磁光隔离器，磁光隔离器也被广泛应用于激光多级放大、高分辨的激光光谱、激光选模技术和光纤通信系统中。磁光开关、磁光调制器、高压输电线路中的电流测量传感器、磁场测量传感器及磁光存储器等磁光功能器件也是利用磁光效应制成的。磁光器件的特点是灵敏度高、抗干扰性强、绝缘高、成本低、体积小、质量轻。利用磁光效应制成的电流测量传感器、磁场测量传感器可用来测量电流、磁场。这些新方法往往具有以往技术无法比拟的优点。

1. 生产生活方面

随着人们生产生活环境变得越来越多样化和复杂化,磁光效应被用于检测电流的需求不断增加。在煤矿井下,因供电线路长、电磁干扰强、负荷工作情况比较复杂,且电动机多数都是启动电流为额定电流 5~8 倍的鼠笼型电动机,所以井下的电流测量就有更高的安全方面的要求。为检测井下电流,并保证整个系统的安全,可以利用磁光效应设计电流传感器。目前有以光纤为信号传输介质的磁光电流传感器用于井下电流检测。无损检测是检测技术的一个重要组成部分,是指在不损伤材料和成品的条件下研究其表面和内部有无缺陷的方法。目前表面无损检测技术已经相对成熟,对材料内部缺陷的无损检测也有多种手段,但对精密表面以下的近表面却没有理想的检测手段。涡流检测以其适用性强、非接触耦合、检测装置轻便、检测快速等优点,在冶金、化工、电力、航空、航天、核工业等部门得到较广泛应用。磁光/涡流实时成像检测系统就是根据动态法拉第效应和电涡流效应而提出的一种新的电磁涡流检测技术。磁光/涡流实时成像检测实现了对表面及亚表面细小缺陷的可视化无损检测,克服了传统的涡流检测方法中探头尺寸相对较小而检测面积大、检测工作要消耗大量时间且不易操作的缺点,并具有探测结果可视化且直观易懂、易于保存、检测难度低、检测前不需要清除油漆等表面覆盖层,只需要保证待检测表面具有较好的反射性能,可对亚表面以及表面缺陷进行实时成像检测等优点。

2. 天文及宇宙磁场研究方面

人们对自然表面的偏振特性测量,最早出现在天文学领域,旨在确定天体表面的物质组成(Dollfus ,1961 年;Cailleux 等人,1950;Lyot,1929 年;Wright,1927 年),现已成为天文学研究广泛使用的遥感探测手段(Dollfus ,1992 年;Egan,1985 年),Coulson 等人(1965 和 1966 年)对自然表面反射光偏振特性进行了系统研究,为以后偏振测量在对地遥感研究领域的应用奠定基础。如天文学家发现金星表面有一层明显的光滑覆盖物,极有可能是水晶或者水滴;科学家还利用偏振技术,探得土星光环是由冰的晶体组成。1996 年发射的 ADEOS/POLDER 星载探测仪装有偏振探测通道,其将全球植被监测作为科研目标之一。

天文学家由星体磁光现象的观测与研究,发现了很多磁星,并且测定了白矮星的磁场、中子星的磁场、银河系和河外星系星际空间的磁场、星系际空间磁场、星系团内部空间的磁场以及宇宙磁场等。如由脉冲星的法拉第效应测定的银河星际的磁场为$(0.2 \sim 4.0) \times 10^{-10}$ T,由银河星系外射电波线偏振源的法拉第效应推测星系际空间磁场约为10^{-13} T,这些工作都还属于单点测量。天文学家还利用塞曼效应测量银河系的磁场。

3. 原子物理研究方面

2001 年的诺贝尔物理学奖授予了三位科学家:W. Ketterle、E. A. Cornel 和 C. E. Wieman。他们先后实现了稀薄碱金属原子气体的 Bose – Einstein 凝聚(BEC)。实验上观察到了两个 Bose 凝聚态之间的干涉。BEC 要求碱金属原子处于极低温的稀薄气体状态,使得系统的波长 λ_{dn} 比原子的平均间隔还大,即无量级相空间密度 $\rho_s = n(\lambda_{dn})^3 > 2.612$。实现 BEC 时,有限温度条件下系统内的单个量子最低能态上有宏观的占据数(约为 2.6×10^{12} cm^{-3}),这是非常特殊的物质状态,它使得人们在严格的量子电动力学的理论研究与实验之间的详细比较成为可能,从而受到了科学家的极大关注。为了实现上述特殊的宏观物质状态,需要一系列高科技精密的实验手段,磁光阱(Magneto – Optical Trap,MOT)就是一种最主要的实验手段。MOT 的核心就是用光来控制中性原子,实现 BEC,一方面要原子达到超低温,另一方面又要使原子密度符合 BEC 的要求,就应该设计一个装置,让原子在 x、y、z 方向上都能受到光的作用力,而且各方向的光使原子朝同一个位置聚集。这样,原子在 x、y、z 方向的动量都能降低,从而温度降到很低,形成 BEC,呈现出凝聚相。为使原子冷却,要把这些光都调谐到比原子跃迁频率略低,但原子以一定速度移向光子时,会因多普勒效应吸收这些频率较低的光子,但马上又以跃迁频率辐射这些光子,由能量守恒可知,运动原子的动能降低了。但仅靠光束是不能禁锢原子的,人们就想到了运动原子在磁场中有能级分裂的现象(塞曼效应),而能级分裂的宽度与磁场成正比,那么在上面的基础上再加上磁场,原子若运动出中心就会因塞曼效应而能级分裂,根据光作用力的公式,使其结果为与原子运动方向相反的力(回复力)。

认识磁场时,都是通过处于磁场中的铁屑的排列取向而获得对磁场的直观认识,手段简便易行但却不能精确描述磁场信息。目前,测量磁场一般是利用现有的特斯拉计,其工作原理是利用金属或者半导体中的霍尔效应(将金属或者半导体薄片置于磁场中,当有电流流过时,在垂直于电流和磁场的方向上将产生电动势,这种物理现象称为霍尔效应),这只能测量出磁场强度在某一特定点上的值,而不能直观全面地反映磁场的分布。

2.1.2 光偏振原理

通常说人类对光的偏振现象的观察和研究是从 1669 年 K. Bartholin 发现冰洲石晶体($CaCO_3$)的双折射现象开始的。1690 年,惠更斯对此现象在理论上做了说明。1704 年,牛顿实质上已经把偏振的概念引入了光学,他认为光微粒与具有两个磁极的磁铁有相似之处,在沿着磁铁的方向与垂直于磁铁的方向是不平等的。1873 年,麦克斯韦完成的电磁理论才从本质上解释了光的偏振现象。1888 年,德国物理学家赫兹用实验证明了电磁波的存在,从此光的电磁理论为人们所接受。

光矢量在垂直于波线的平面上做二维振动,呈现为不同的振动方式。光矢量的振动方式称为光波的偏振态。

平面电磁波是横波,电场和磁场彼此正交。因此,当光沿 z 方向传输时,电场可只有 x、y 方向。平面波取如下形式:

$$\boldsymbol{E} = E_0\cos(\tau + \delta_0) \tag{2.1}$$

式中,$\tau = \omega t - kz$,写成分量形式为

$$\begin{cases} E_x = E_{0x}\cos(\tau + \delta_1) \\ E_y = E_{0y}\cos(\tau + \delta_2) \\ E_z = 0 \end{cases} \tag{2.2}$$

为了求得电场矢量的端点所描绘的曲线,将式(2.2)中参变量 τ 消去即可。这时可得

$$\left(\frac{1}{E_{0x}}\right)^2 E_x^2 + \left(\frac{1}{E_{0y}}\right)^2 E_y^2 - 2\frac{E_x}{E_{0x}}\frac{E_y}{E_{0y}}\cos\delta = \sin^2\delta \tag{2.3}$$

式中,$\delta = \delta_2 - \delta_1$。这是一椭圆方程,其系数行列式大于零,即

$$\begin{vmatrix} \dfrac{1}{E_{0x}^2} & \dfrac{-\cos\delta}{E_{0x}E_{0y}} \\ \dfrac{-\cos\delta}{E_{0x}E_{0y}} & \dfrac{1}{E_{0y}^2} \end{vmatrix} = \dfrac{\sin^2\delta}{E_{0x}^2 E_{0y}^2} \geqslant 0 \qquad (2.4)$$

这说明电场矢量的端点所描绘的轨迹是一个椭圆,这种电磁波在光学上称为椭圆偏振光。由于磁场矢量与电场矢量有如下简单关系:

$$\sqrt{\mu_0}\boldsymbol{H} = \sqrt{\varepsilon_0\varepsilon_r}\boldsymbol{E} \qquad (2.5)$$

因此所以磁场矢量的端点轨迹也是一个椭圆。

在光学中经常讨论的偏振情况有两种:一种是电场矢量 $\boldsymbol{E}$ 的方向永远保持不变,即线偏振;另一种是电场矢量 $\boldsymbol{E}$ 的端点轨迹为一圆,即圆偏振。这两种情况都是上述椭圆偏振的特例。

由上面的椭圆方程可见,当 $\delta = \delta_2 - \delta_1 = \pi m \, (m = 0, \pm 1, \pm 2, \cdots)$ 时,椭圆就会退化为一条直线,这时

$$\dfrac{E_y}{E_x} = (-1)^m \dfrac{E_{0y}}{E_{0x}} \qquad (2.6)$$

电场矢量 $\boldsymbol{E}$ 处于线偏振(也称为平面偏振)状态。

如果 E_x、E_y 两分量的振幅相等,且其相位差为 $\dfrac{\pi}{2}$ 的奇数倍,即 $E_{0x} = E_{0y} = E_0, \delta = \delta_2 - \delta_1 = \dfrac{\pi m}{2} (m = \pm 1, \pm 3, \pm 5, \cdots)$,则椭圆变为圆:

$$E_x^2 + E_y^2 = E_0^2 \qquad (2.7)$$

电场矢量 $\boldsymbol{E}$ 处于圆偏振状态。这时如果 $\sin\delta > 0$,则 $\delta = \dfrac{\pi}{2} + 2\pi m (m = 0 \pm 1, \pm 2, \cdots)$,可得

$$\begin{cases} E_x = E_{0x}\cos(\tau + \delta_1) \\ E_y = E_{0y}\cos\left(\tau + \delta_1 + \dfrac{\pi}{2}\right) \end{cases} \qquad (2.8)$$

这时 E_y 的相位比 E_x 的相位超前 $\dfrac{\pi}{2}$,因此其合成矢量的端点描绘一顺时针方向旋转的圆。这相当于迎着平面光波观察时,电场矢量是顺时针方向旋

转的,这种偏振光称为右旋圆偏振光。如果 $\sin \delta < 0$,则 $\delta = -\dfrac{\pi}{2} + 2\pi m$ ($m = 0, \pm 1, \pm 2, \cdots$),可得

$$\begin{cases} E_x = E_{0x}\cos(\tau + \delta_1) \\ E_y = E_{0y}\cos\left(\tau + \delta_1 - \dfrac{\pi}{2}\right) \end{cases} \tag{2.9}$$

此时 E_y 的相位比 E_x 的相位落后 $\dfrac{\pi}{2}$,因此其合成矢量的端点描绘一逆时针方向旋转的圆。这相当于迎着平面光波观察时,电场矢量是逆时针方向旋转的,这种偏振光称为左旋圆偏振光。其余情况下,则为椭圆偏振光,椭圆偏振光也可以分为左旋偏振光和右旋偏振光。

在线偏振光和自然光之间还存在一种部分偏振光,它在与光的传播方向垂直的平面内的一切方向上都存在光振动,但其中有一个方向上的振幅最大,与之正交的方向上振幅最小。部分偏振光也可以看作线偏振光和自然光的组合。

2.1.3　偏振光技术的应用

随着人们对偏振光认识的深入,偏振光原理和技术得到越来越广泛的应用。特别是大面积廉价偏振片研制的成功以及激光应用技术的发展,使得偏振光技术发展成为光学技术的主要分支之一,其应用范围已经渗透到各个领域及各个方面。

在人们的日常生活中,偏振光技术的应用日益广泛。在立体电影院里,观众只要戴上一副特制的眼镜,从银幕上看到的景象就有了立体感,这种特制的眼镜就是一对偏振方向互相垂直的偏振片。在汽车前灯和风挡玻璃上安装偏振片,夜间行车的驾驶员经风挡玻璃看见自己车灯射出的光强并不减弱,同时也不会被对向汽车前灯灯光照耀刺目,可有效减少交通事故的发生。偏振光技术的应用还可以改进防伪技术,为人们的生活带来更多的安全和方便。

偏振光技术在工农业生产及有关技术领域的应用如下。

①偏振光植被遥感方法,其利用植被反射光谱的偏振度信息反推植被的特性信息。偏振光植被遥感方法可以作为目前多光谱遥感方法的补充,能得到其他遥感方法所无法得到的信息。

②基于光偏振特性测定烟雾浓度的方法。用偏振测量手段,为检测烟雾浓度提供了一条新思路,特别是依据这种原理所制作的装置更适合动态监测烟雾浓度的变化,如果将烟雾中的吸收考虑进去,就能将本方法应用于大气云雾的检测,这在工农业生产中更具有意义。

偏振光技术以其独特的优势也在安全领域得到了应用。光纤保密通信可利用偏振光技术实施反窃听。光纤的保密性强,要在传输线路上窃取光信号而不破坏光缆本身几乎不可能,但当光纤被剥去涂敷层,并且使它的弯曲半径小于某个值时,导波条件被破坏,一部分光由传导模变成泄漏模,从而可以窃取到传输的信息而不使通信中断。要想及时发现光纤被弯曲窃听信息,必须选择一种参数状态来进行实时监测。仅从接收端的光功率大小来判断光纤是否被弯曲窃听是不理想的,因为光功率的大小为绝对测量,易受环境及发送端或接收端自身的干扰。选择测试偏振光的偏振态可以有效反映这种弯曲变化。利用偏振光技术可以对重要文件进行防复印处理。在刑事侦查工作中,偏振光技术用于脱影照相、检验人体表皮或伤痕、玻璃上的指纹拍摄、鉴别不同物质的属性等,为刑事侦查提供了一种有效的手段。

偏振光技术在医学领域也已经大显身手。在眼科医学中,偏振光技术的应用解决了使用裂隙灯显微镜等仪器检查时因角膜前表皮的反射光过强而无法清楚地观察眼疾的问题。利用红外偏振光热效应的包括骨科、神经科、康复科、脑内科、脑外科、皮肤科、耳鼻喉科等多方面的临床应用,应用红外偏振光做治疗,无损伤、无痛苦、无交叉感染、无副作用及并发症,是一种安全的绿色疗法。

偏振光技术在科学研究中也发挥了极其重要的作用,以下是其中几例。

1. 利用偏振光的干涉对铌酸锂晶体光学质量进行评估

使用典型的会聚平面偏振光干涉实验装置,使铌酸锂($LiNbO_3$)晶体的光轴与抛光面垂直,并且和仪器的光轴平行。在会聚光的情况下,会产生干涉,形成锥光图。

当晶体局部规则的结构被破坏时,产生的应力使得该位置上光轴方向发生改变。光束通过此位置时,所得到的锥光图中的黑十字变形。因此,可以通过观察晶体各个位置的锥光图检测晶体质量。

2. 利用偏振薄膜对露天石质文物进行保护

利用偏振光薄膜保护露天石质文物的方法,具有以下四大特点:遮光效率高、成本低廉、方法简单、实用高效。

从偏振片的制作原理、遮光原理及操作方法看,这种方法对露天石质文物的保护是高效经济的,也是实用可行的。它对露天石质文物的光损害及由于光照而加剧的化学损害和物理损害等,无疑是一种很好的防范和保护措施。

3. 椭圆偏振光谱学的应用

光谱学领域广泛,有一类在固体光性研究中崭露头角的椭圆偏振光谱学(Spectroscopic Ellipsometry,SE),简称椭偏光谱学,它利用光的波动性,以偏振光在两种介质界面上的反射和折射公式以及光的干涉公式为理论基础。SE 测定的是光波与样品相互作用后(包括反射、透射或散射)偏振状态的变化。随着薄膜技术与表面物理日新月异的发展,SE 技术将得到广泛应用。

SE 的总体思想是,以研究光波偏振态的内部变化过程为手段,弄清决定光学系统的外部性质的内部机理。对比于其他表面分析技术,SE 技术有独特的优点:对样品具有非破坏性和高精度;具有原子层级的灵敏度;对样品没有特殊的要求,样品可以是体样品、薄膜样品、不均匀样品、各向异性样品等;对测试环境具有非苛刻性,测试环境可以是空气、真空或特定条件,测试温度范围也较宽。

4. 量子随机源

近年来,光子在界面透反的量子性引起了人们的注意,利用光子在50%分束镜透反路径的随机特性研制成的光量子随机源,有较好的随机性检测结果,该方法产生随机数的速率远高于其他的方案。但在实验进行中对分束镜的分束比进行微调比较困难,因此出现了采用偏振方法实现随机源的方案。

在理想情况下,当光子以45°偏振入射到水平或垂直的偏振分束镜时,光子将各有50%的概率以水平和垂直偏振从偏振分束镜输出。由光子的特性可知,这种偏振输出是完全随机的,两个正交偏振方向出射的光子之间互不关联,决定了基于光偏振特性产生随机源的可行性。利用国际通用的随机数检测程序对直接获得的数据进行随机性分析,由此产生的随机源结果完全满足真随机数的标准。

5. 偏振度图像技术

物体反射光的偏振信息反映着普通图像不能呈现的表面信息,利用这一点,能改进现有的成像技术。自然光入射到物体表面时,物体表面对入射光的反射将使自然光变成部分偏振光,实验探测到该反射光的偏振分量主要与太阳高度角、探测方向和物体表面所成的角度等几何条件,以及物体的表面情况相关。因此,在普通图像中难以区分的物体,可以利用其表面反射光偏振信息的不同来区分。自然光照下海洋、沙漠等自然景物的偏振度的研究已有文献报道,对于植物偏振性质的研究也有文献报道。在国内,用偏振度图像来进行目标识别的研究才刚刚起步。偏振度图像能分辨普通图像难以分辨的颜色和反射率相近的物体,这显示了偏振度图像的优势,表明了该方法在军事目标识别和植物遥感图像应用中的意义。

6. 多束激光相位共轭偏振合成技术

在固体激光应用领域中,要求具有高平均功率、高峰值功率的固体激光系统。目前的固体激光系统主要采用以下两种结构。

(1)串接放大系统。串接放大系统在提高输出功率的同时光束质量严重下降。

(2)基于相位共轭的激光振荡放大系统(MOPA)。基于相位共轭的MOPA可以在提高输出功率的同时保持光束质量基本不变。这两种结构都受到了激光介质和膜层破坏阈值的限制,使用相位共轭时还受到液体击穿阈值的限制,使输出功率不可能进一步提高。为了解决材料破坏问题并进一步提高输出功率,出现了多束激光相位共轭偏振合成的方案。该方案的优点在于采用了并行放大结构,可在无破坏的情况下成倍地提高激光系统的输出功率。另外,并行放大还提高了整个系统的安全系数,在种子源不损坏的前提下即使其中的一台激光器发生故障也不会影响整个系统的正常使用。

随着激光技术的发展、可调谐激光器和各种新型偏振光器件的问世,偏振光的应用领域越来越广,许多以前需要很复杂的装置、仪器的光学应用技术都可以利用光的偏振特性加以简化,还有许多以前很难解决的光学技术问题在引入偏振光后都迎刃而解。

在偏振光领域,有许多更深入、更广泛的研究需要人们去努力。通过人们的努力,偏振光技术将在微电子、光电子、材料科学、薄膜技术、化学、生物学和医学等领域得以广泛应用,其发展前途极为广阔。

2.1.4 法拉第效应原理

1845 年法拉第在实验中发现,当一束线偏振光通过介质时,如在介质中沿光传播方向加一外磁场,则光通过介质后,其振动平面转过一个角度 θ,即磁场使该介质具有了旋光性,这一现象称为法拉第效应。这就是人类历史上最早发现的磁光效应。随后相继发现了克尔效应(1876 年)、塞曼效应(1897 年)、福格特效应及科顿 – 穆顿效应(1907 年)。目前为止,被研究最多,应用最广的是法拉第效应,其次是克尔效应。

法拉第效应的基本规律是单色线偏振光通过给定的旋光物质时,光矢量转过的角度 θ 与光波通过该物质的路程 L 及介质中磁感应强度在光传播方向的分量 $\boldsymbol{B}$ 成正比,即

$$\theta = VBL \tag{2.10}$$

式中,V 是比例因子,也称为费尔德常数,主要用来表征物质的旋光特性,即表征物质在磁场中偏振面旋转的本领,它与传输光的波长、旋光物质的性质及温度等因素有关,其单位由 θ、$\boldsymbol{B}$、L 的单位决定。

对于式(2.10),还有以下几点说明。

(1) 对于发生法拉第效应的不同物质,其振动面的旋转方向也不同。

习惯上规定,迎着光传播的方向观察,当振动面旋转的绕向与磁场方向满足右螺旋关系(也可以说旋转方向与螺线圈中的电流方向一致)时称为"正旋",此时费尔德常数 $V > 0$;反之,则称为"负旋",此时 $V < 0$。图 2.1 所示的磁旋光即为"负旋"。

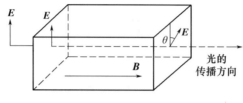

图 2.1 磁旋光示意图

(2) 对于每一种给定的旋光物质,法拉第旋转方向与光的传播方向无关,仅由磁感应强度 **B** 的方向决定。这是法拉第效应与某些物质所固有的旋光效应的重要区别。固有旋光效应的旋光方向与光的传播方向有关,而法拉第效应则不然。在磁场方向不变的情况下,光线往返穿过磁致旋光物质时,法拉第转角将倍增,即转角为 2θ。法拉第效应的这一特质称为非互易性。

(3) 式(2.10)仅对顺磁和抗磁等弱磁性材料成立。对铁磁或亚铁磁等强磁介质,θ 正比于磁极化强度 **M** 在光传播方向的分量,θ 与 **B** 之间不是简单的正比例关系,且存在磁饱和现象。这时要定义另外一个常数 K_F 来代替费尔德常数:

$$\theta_F = K_F M L \qquad (2.11)$$

式中,**M** 为磁极化强度;θ_F 为比法拉第旋转。严格来说,对铁磁材料和亚铁磁材料定义费尔德常数的意义不大。故通常用比法拉第旋转 θ_F(穿过单位长度介质的旋转角)的饱和值表征法拉第效应的强弱。

(4) 与自然旋光效应类似,法拉第效应也有旋光色散,即费尔德常数随波长而变化。当一束复合光通过旋光物质时,不同波长的光在同一旋光物质中的旋光本领是不同的,紫光的法拉第旋转要比红光的大,这是因为法拉第旋转与光波长的平方成反比。

1. 法拉第效应的理论描述

描述法拉第效应大小的物理量是法拉第旋转,亦可称为磁光旋转。法拉第效应的理论描述方法有多种,常用的有两种:一种是宏观理论,即用介电常量张量和麦克斯韦方程来描述法拉第效应;另一种是经典电子动力学理论,即用洛伦兹电子运动方程来描述具有磁矩的物质,用麦克斯韦方程组描述光频电磁场。

(1)法拉第效应的宏观理论。

光波从具有磁矩的物质反射或透射后,光的偏振状态会发生变化,这是具有磁矩的物质与电磁波的电场和磁场相互作用的结果。因此,磁光效应必然与介质的介电常量张量 $\boldsymbol{\varepsilon}$、电导率张量 $\boldsymbol{\sigma}$ 和磁导率张量 $\boldsymbol{\mu}$ 密切相关。方便起见,以下只讨论介质为立方晶体并处在沿 z 方向的磁场中的情形,这时介电常数张量可写为

$$\boldsymbol{\varepsilon} = \begin{bmatrix} \varepsilon_x & i\delta & 0 \\ -i\delta & \varepsilon_x & 0 \\ 0 & 0 & \varepsilon_z \end{bmatrix} \tag{2.12}$$

式中,$\varepsilon_x = \varepsilon'_{11}$,$\delta = \varepsilon'_{12}$,$\varepsilon_z = \varepsilon'_{33}$;坐标轴 x、y、z 分别平行于晶体的 $\boldsymbol{a}$、$\boldsymbol{b}$、$\boldsymbol{c}$ 轴。对于无吸收的晶体,δ 应为实数。

设入射光波为线偏振光:

$$\begin{cases} \boldsymbol{E} = E_0 e^{i(\boldsymbol{k}\cdot\boldsymbol{r}-\omega t)} = E_0 e^{i\omega(\frac{n}{c}\boldsymbol{s}\cdot\boldsymbol{r}-t)} \\ \boldsymbol{H} = H_0 e^{i(\boldsymbol{k}\cdot\boldsymbol{r}-\omega t)} = H_0 e^{i\omega(\frac{n}{c}\boldsymbol{s}\cdot\boldsymbol{r}-t)} \end{cases} \tag{2.13}$$

式中,$\boldsymbol{k}$ 为波矢,$\boldsymbol{k} = n\omega c^{-1}\boldsymbol{s}$;$\boldsymbol{s}$ 为波矢方向的单位矢量;n 为介质的折射率;c 为真空中的光速。

将式(2.13)代入麦克斯韦方程得

$$\begin{cases} \dfrac{n}{c}(\boldsymbol{E}\times\boldsymbol{s}) = -\mu_0\boldsymbol{H} \\ \dfrac{n}{c}(\boldsymbol{H}\times\boldsymbol{s}) = \varepsilon_0\boldsymbol{\varepsilon}\boldsymbol{E} \end{cases} \tag{2.14}$$

将式(2.14)代入式(2.12)中得

$$\begin{bmatrix} n^2(1-\alpha^2)-\varepsilon_x & -n^2\alpha\beta-\mathrm{i}\delta & -n^2\alpha\gamma \\ -n^2\alpha\beta+\mathrm{i}\delta & n^2(1-\beta^2)-\varepsilon_x & -n^2\beta\gamma \\ -n^2\alpha\gamma & -n^2\beta\gamma & n^2(1-\gamma^2)-\varepsilon_z \end{bmatrix} \begin{bmatrix} E_x \\ E_y \\ E_z \end{bmatrix} = 0$$

$$(2.15)$$

式中,α、β、γ 分别表示波矢 $\boldsymbol{k}$ 相对于 x、y、z 轴的方向余弦。

电场强度 $\boldsymbol{E}$ 具有非零解的条件是式(2.15)中的三阶系数行列式等于零,所以有

$$n^4(\varepsilon_x\alpha^2+\varepsilon_x\beta^2+\varepsilon_z\gamma^2)-n^2[(\varepsilon_x^2-\delta^2)(\alpha^2+\beta^2)+$$
$$\varepsilon_z\varepsilon_x(\alpha^2+\beta^2+2\gamma^2)]+\varepsilon_z(\varepsilon_x^2-\delta^2)=0 \qquad (2.16)$$

下面设波矢 $\boldsymbol{k}$ 平行于磁化强度 $\boldsymbol{M}$ 方向,$\boldsymbol{M}$ 又平行于 z 轴,则 $\alpha=\beta=0$,$\gamma=1$。设光波在立方晶体中传播,$\varepsilon_x=\varepsilon_y=\varepsilon_z=\varepsilon$,式(2.16)变为

$$n_\pm^2=\varepsilon\pm\delta \qquad (2.17)$$

代入式(2.15)后有

$$E_y=\mp\mathrm{i}E_x \qquad (2.18)$$

与 n_+ 对应的 $E_y=-\mathrm{i}E_x$ 为右旋圆偏振光,与 n_- 对应的 $E_y=\mathrm{i}E_x$ 为左旋圆偏振光。由此可见,对于一个顺着介质中 $\boldsymbol{M}$ 方向传播的线偏振光,可以分解为两个旋转方向相反的圆偏振光。若 n_+ 和 n_- 为实数,则表示介质对光没有吸收。那么,这两个圆偏振光将无相互作用,且以两种不同的速度 $\dfrac{c}{n_-}$ 和 $\dfrac{c}{n_+}$ 向前传播,出射后彼此间将会仅存在一个相位差,这样二者仍能合成一个线偏振光,只是其偏振面相对于入射线偏光发生了一定的偏转。

假设沿 z 轴方向传播的入射光线的电场强度矢量 $\boldsymbol{E}$ 沿 x 轴方向传播。取式(2.13)的实部,并将其分解为两个圆偏振光(λ 为真空中的波长)如下。

右旋圆偏振光为

$$\begin{cases} E_x^+ = \dfrac{1}{2}E_0\cos\left(\dfrac{2\pi n_+}{\lambda}z-\omega t\right) \\ E_y^+ = -\dfrac{1}{2}E_0\sin\left(\dfrac{2\pi n_+}{\lambda}z-\omega t\right) \end{cases} \qquad (2.19)$$

左旋圆偏振光为

$$\begin{cases} E_x^- = \dfrac{1}{2}E_0\cos\left(\dfrac{2\pi n_-}{\lambda}z - \omega t\right) \\[3mm] E_y^- = \dfrac{1}{2}E_0\sin\left(\dfrac{2\pi n_-}{\lambda}z - \omega t\right) \end{cases} \tag{2.20}$$

合成后为

$$\begin{cases} E_x = E_x^+ + E_x^- = E_0\cos\dfrac{\pi(n_+ - n_-)}{\lambda}z \cdot \cos\left[\dfrac{\pi(n_+ + n_-)}{\lambda}z - \omega t\right] \\[3mm] E_y = E_y^+ + E_y^- = -E_0\sin\dfrac{\pi(n_+ - n_-)}{\lambda}z \cdot \cos\left[\dfrac{\pi(n_+ + n_-)}{\lambda}z - \omega t\right] \end{cases}$$

$$\tag{2.21}$$

可见,该式仍代表一个线偏振光,只是在介质中沿 z 轴传输距离 L 后,其电场强度矢量 $\boldsymbol{E}$ 相对于 x 轴即相对于原偏振方向转过了 θ 角度:

$$\theta = \arctan\frac{-E_y}{E_x} = \frac{\pi L}{\lambda}(n_+ - n_-) \tag{2.22}$$

这就是法拉第旋转。为表征介质磁光效应的强弱,定义单位长度上的法拉第旋转为旋光率,也称比法拉第旋转,表达式为

$$\theta_F = \frac{\theta}{L} = \frac{\pi}{L}(n_+ - n_-) \tag{2.23}$$

在实际中,介质对光波有吸收作用,故折射率通常为复数。入射线偏振光进入介质后分解成的两个圆偏振光不仅相位不同,而且振幅也不同,合成后将成为一个椭圆偏振光。而此时的比法拉第旋转 θ_F 的大小与介质损耗也有关系。

法拉第效应本质上是与介质的磁化强度 $\boldsymbol{M}$ 相联系的。但是,在没有外加磁场时,许多磁性介质中的原子或离子磁矩都是混乱排列的,此时 $\boldsymbol{M}$ 很小,甚至为零,因此介质的法拉第旋转角度很小。在外加磁场后,法拉第旋转 θ 正比于 $\boldsymbol{M}$ 在光传播方向上的投影。在顺磁性和抗磁性等弱磁性介质中,法拉第旋转 θ 与外加磁场强度 $\boldsymbol{H}_e$ 的关系为

$$\theta = (\theta_{F0} + V\boldsymbol{H}_e)L \tag{2.24}$$

式中,θ_{F0} 为弱磁性介质的本征旋转角;L 为光在弱磁性介质中通过的距离;V 为费尔德常数。

（2）经典电子动力学理论。

用洛伦兹电子运动方程描述具有磁矩的物质的物理属性,用麦克斯韦方程组描述光波属性,它们一起描述磁光效应可以直接计算得到各种磁性介质的磁光效应与外磁场 H_e、磁化强度 M 的关系,以及磁光效应的温度特性和色散特性。

在各种磁性介质和某些顺磁性介质中,磁光效应主要来源于原子或离子激发态的电子自旋-轨道相互作用,以及原子或离子电子之间的(间接)交换作用。可以将这两种相互作用通过有效场的形式来表示。

在铁磁性介质中,交换作用有效场和自旋-轨道相互作用有效场形式上是一样的,介质中任一位置上的 H_ν 场为

$$H_\nu = \nu M \tag{2.25}$$

式中,M 为介质磁化强度;ν 为与分子场系数 λ 有关的系数。这样,原来的电子相互作用系统就变成了独立粒子系统。

在反铁磁性和亚铁磁性介质中,间接交换有效场和自旋-轨道相互作用有效场形式上也是一样的:

$$H_\nu = \nu_1 M_1 + \nu_2 M_2 + \cdots + \nu_l M_l \tag{2.26}$$

在介质中,每一个谐振电子的运动可用洛伦兹电子运动方程表示:

$$m\ddot{r} = -m\omega_0^2 r + e\left(E + \frac{1}{3\varepsilon_0}P\right) - g\dot{r} + e\mu_0 H_i \dot{r} \times H \tag{2.27}$$

式(2.27)右边第一项为正电中心对电子的作用力,ω_0 为电子运动的固有频率;第二项为介质中电子受到区域电场的作用力,P 为电极化强度矢量,考虑到光波的磁感应强度远小于外加磁场的磁感应强度,B 远小于 B_e,故式中忽略了 B 对电子的作用力 $e\dot{r} \times B$;第三项为电子加速运动过程中受到的阻尼力;第四项为有效(内)场 H_i 对电子的作用力,H_i 为

$$H_i = H_e + H_\nu + H_d + \cdots \tag{2.28}$$

式中,H_ν 为自旋-轨道相互作用、(间接)交换作用有关的有效场;H_d 为退磁场,这是介质磁化后自身产生的一种磁场,其大小与介质形状上的各项异性密切相关。对于无限大或某些特殊情况下的介质,$H_d \approx 0$,计算不考虑 H_d 的作用。h 为 H_i 方向的单位矢量。

用 Ne/m 乘以式(2.27),并注意到电极化矢量 $P = Ner$,可得

$$\ddot{P} + \omega_0^2 P + \gamma \dot{P} - \frac{e\mu_o H_i}{m} \dot{P} \times h = \frac{Ne^2}{m}\left(E + \frac{1}{3\varepsilon_0}P\right) \quad (2.29)$$

式中,$\gamma = g/m$;N 为单位体积中的电子数。

设入射光为线偏振光

$$\begin{cases} E = E_0 e^{i(k \cdot r - \omega t)} = E_0 e^{i\omega\left(\frac{n}{c}s \cdot r - t\right)} \\ H = H_0 e^{i(k \cdot r - \omega t)} = H_0 e^{i\omega\left(\frac{n}{c}s \cdot r - t\right)} \end{cases} \quad (2.30)$$

式中,波矢 $k = n\omega c^{-1}s$,s 为波矢方向的单位矢量;n 为折射率。介质的电极化强度矢量相应地为

$$P = P_0 e^{i\omega\left(\frac{n}{c}s \cdot r - t\right)} \quad (2.31)$$

将式(2.31)代入式(2.29)得

$$E = \alpha P + i\beta P \times h \quad (2.32)$$

式中

$$\begin{cases} \alpha = \dfrac{\omega_0^2 - \omega^2 - i\gamma\omega}{Ne^2/m} - \dfrac{1}{3\varepsilon_0} \\ \beta = \dfrac{\mu_0 H_i \omega}{Ne} \end{cases} \quad (2.33)$$

介质中自由电荷密度 $\rho_i = 0$,且没有传导电流,$j_i = 0$,光频电磁波所满足的麦克斯韦方程组为

$$\begin{cases} \nabla \cdot D = \varepsilon_0 \nabla \cdot E + \nabla \cdot P = 0 \\ \nabla \cdot B = \mu_0 \nabla \cdot H = 0 \\ \nabla \times E = -\dfrac{\partial B}{\partial t} = -\mu_0 \dfrac{\partial H}{\partial t} \\ \nabla \times H = \dfrac{\partial D}{\partial t} = \varepsilon_0 \dfrac{\partial E}{\partial t} + \dfrac{\partial P}{\partial t} \end{cases} \quad (2.34)$$

根据磁性理论,由电子轨道波函数决定的静电能的量子效应 – 交换作用是介质产生铁磁性的根本原因。交换作用有效场 H_ν 与磁化强度 M 成正比,$H_\nu = \nu M$,其大小可以估算如下:居里温度 T_c 是铁磁性向顺磁性转变的相变点,在 T_c 处,假定热运动能 $k_B T_c \approx \mu_0 \mu_B H_\nu$,$k_B$ 为玻耳兹曼常量,μ_B 为玻尔

磁子;通常铁磁性介质的 T_c 为 $10 \sim 10^3$ K,则 $H_\nu \approx 1.18 \times 10^7 \sim 1.18 \times 10^9$ A/m。

通常 $H_\nu \gg H_e$,故 $\omega_L \approx e\mu_0 H_\nu /(2m) \approx 1.30 \times 10^{12} \sim 1.30 \times 10^{14}$ rad/s。由此可见,$\omega_L \ll \omega$,因此仍可用上述抗磁性介质情形的方法计算铁磁性介质中的法拉第旋转 θ。考虑到铁磁性介质中的磁光效应远大于弱磁性介质的情形,由此得

$$\begin{aligned}
\theta &= L(V_1 H_i + V_3 H_i^3 + V_5 H_i^5 + \cdots) \\
&= L[V_1(H_e + \nu M) + V_3(H_e + \nu M)^3 + V_5(H_e + \nu M)^5 + \cdots]
\end{aligned}$$

$$(2.35)$$

式中,$V_i(i = 1,3,5\cdots)$ 为光波角频率 ω 的函数。对于磁光非线性效应很小的铁磁性介质,式(2.52)可简化为

$$\theta = V_1 L H_i = \frac{e\mu_0 \lambda L}{2mc} \frac{dn}{d\lambda} H_i = \frac{e\mu_0 \lambda L}{2mc} \frac{dn}{d\lambda} (H_e + H_\nu) \qquad (2.36)$$

在正常色散区 $dn/d\lambda < 0$,故正常色散区与反常色散区中的法拉第旋转方向相反。磁光效应包括磁偶极子和电偶极子两种跃迁的贡献,分别为由磁偶极子和电偶极子两种跃迁引起的法拉第旋转。其中,磁偶极子对法拉第旋转的贡献与波长无关,即无色散特性。法拉第旋转主要由电偶极子跃迁引起:

$$\theta = \frac{e\mu_0 L}{mc} \left(\frac{b}{\lambda^2} + \frac{c}{\lambda^4} + \cdots \right) (H_e + H_\nu) \qquad (2.37)$$

通常 $H_\nu \gg H_e$,则

$$\theta \approx \frac{e\mu_0 L}{mc} \left(\frac{b}{\lambda^2} + \frac{c}{\lambda^4} + \cdots \right) \nu M \qquad (2.38)$$

铁磁性介质的比法拉第旋转 θ_F 为

$$\theta_F \approx \frac{e\mu_0}{mc} \left(\frac{b}{\lambda^2} + \frac{c}{\lambda^4} + \cdots \right) \nu M \qquad (2.39)$$

2. 法拉第效应的应用

法拉第效应虽然在 1845 年就被发现了,但在其后的一百多年中并未获得应用。直到 20 世纪 50 年代,人们才广泛应用磁光效应来观察、研究磁性材料的磁畴结构。20 世纪 60 年代初,激光的诞生以及后来光电子学领域的

开拓才使磁光效应的研究向应用领域发展,出现了新型的磁光材料和磁光器件,磁光效应的研究也由此进入空前发展时期,并在许多高新技术领域获得了日益广泛的应用。近年来随着激光、计算机、信息、光纤通信等新技术的发展,磁光效应的研究和应用也不断地向深度和广度发展。

法拉第效应是人们发现光和电磁之间有内在联系的第一个实验证据,它的发现在物理学史上有着特别重要的意义。物质的磁致旋光性在光学中有特殊意义,并且在各个领域中有着深远影响。

随着各类学科的不断发展,法拉第效应的应用也越来越广泛。如在光学中众多应用之一的"光活门",即利用法拉第旋转制成的光隔离器,只允许光从一个方向通过而不能从反方向通过,它在激光的多级放大技术和高分辨激光光谱技术中都是不可缺少的器件。近代天文学中,利用法拉第效应发现与计算了某些恒星及星际空间的磁场;在微波技术部门,也利用电磁波在铁氧体中发生的偏振现象,制成了微波环形器、微波发送和接收开关,以及多路通信中的分路器等重要仪器。法拉第效应在化学研究中,可用于分析碳氢化合物的结构,也可用于其他化学物质的鉴定;在半导体物理的研究中,可用于测量载流子的有效质量和提供能带结构的知识;在电工测量中,可用于测量电路中的电流和磁场;在激光通信和激光雷达技术中,可用于制成光频环形器;在生物磁学中,可用于对生命物质的研究等。相信随着科学水平的不断提高,法拉第效应将会有更加广阔的应用前景。以下是法拉第效应实际应用的几个例子。

(1)法拉第激光陀螺。

激光陀螺是以双向行波激光器为核心的量子光学仪表,依靠环形行波激光振荡器对惯性角速度进行感测。

自从1975年激光陀螺在战术飞机上试验成功后,各国竞相发展,使激光陀螺迅速进入实用阶段。到20世纪80年代,激光陀螺已成功地用于飞机和地面车辆导航、舰炮稳定等,开始取代机械陀螺,并进行了用于导弹、运载火箭等的更高精度的试验。在激光陀螺的发展过程中,人们遇到的主要难题是如何消除低转速闭锁效应和如何提高测量精度,而这两个难题的解决则是依靠了法拉第效应。目前,利用法拉第效应提供频偏的左-右旋法拉第激光陀螺被认为是能够实现高精度陀螺的基本方案。

（2）自动量糖计。

"量糖术"在制糖、制药、化工等行业中已得到广泛应用，它是利用量糖计分析和研究液体的旋光性，从而分析研究溶质性质的一种方法。普通量糖计的工作原理是：在光路中放置两个偏振片（前一个相当于起偏器，后一个相当于检偏器），当两个偏振片正交时，视场为暗。放入装有待测溶液的玻璃容器后，由于溶液的旋光作用，因此经过玻璃容器的光的偏振方向将发生旋转，视场由暗变亮。旋转检偏器使视场重新恢复黑暗，则检偏器转过的角度就是溶液使光的振动方向转过的角度 θ，从而求出溶液的浓度 $c = k_1 \theta$（k_1 是一个常数）。

如果在两个偏振片之间再加入一个法拉第盒，则可实现自动检测，此时两个偏振片的透光方向保持正交。开始工作时，流过法拉第盒中线圈的电流为零，由于溶液的旋光作用，因此将有光通过检偏器到达光电接收装置。光电接收装置和控制电路检测出光强的存在，控制流过线圈的电流从零开始缓慢增加，磁致旋光的方向与溶液旋光的方向相反，当二者的旋光角度相等时，将无光通过检偏器，光电接收装置和控制电路检测出光强等于零的时刻，并使电流保持在此时的值上。

由于 $c = k_1 \theta$，而 $\theta = VBL$，$\mathbf{B} = k_2 I$，因此 $c = k_1 VBL = (k_1 k_2 VL) I = kI$（$k$ 为常数）。读出电路将 I 换算后得到溶液的浓度 c，并由显示器显示出数值。正是利用了法拉第效应，才使得这种测量装置能够进行自动检测，并可以用在生产线上进行实时监测。

（3）光纤电流传感器。

随着现代电力工业的发展，传统磁感应电流互感器已不能满足当前电力系统大容量、大电流、高电压传输的测量与监控要求。法拉第效应为电磁场和电流的测量提供了一种非常有效的方法，由于基于光纤的传感器不受电磁干扰，传感和处理系统可以安全隔离，因此在测量高压磁场的应用中有很大优越性。光纤电流传感器因具有结构简单、安全可靠、精度和灵敏度高等优点而受到国内外广泛关注。光纤电流传感器原理图如图 2.2 所示。

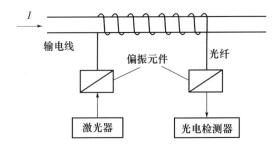

图 2.2 光纤电流传感器原理图

光纤电流传感器的工作原理如下:制造光纤的材料具有磁致旋光特性。光纤圆线圈以输电线为轴线,若线圈半径为 R,输电线中的电流为 I(以直流为例),则光纤内的磁场为

$$H = \frac{I}{2\pi R} \tag{2.40}$$

若光纤在磁场中的有效长度为 L,则线偏振光通过光纤线圈后引起的法拉第旋转为

$$\theta = VHL = \frac{VLI}{2\pi R} \tag{2.41}$$

$$I = \frac{2\pi R\theta}{VL} = K\theta \tag{2.42}$$

利用检偏器和光电检测器测出 θ,就可求出 I 的大小。事实上,光纤线圈的形状、输电线在线圈中的位置以及线圈中是否有填充物是任意的。起旋光作用的是磁场的纵向分量,当光的传播方向与磁场方向不一致时,偏振光振动面的旋转角应为

$$\theta = V\oint_L \boldsymbol{H} \cdot \mathrm{d}l \tag{2.43}$$

式中,L 为光纤线圈的长度,由安培环路定律可得

$$\oint_L \boldsymbol{H} \cdot \mathrm{d}l = n\oint_L \boldsymbol{H} \cdot \mathrm{d}l = nI \tag{2.44}$$

式中,n 为光纤线圈的匝数;l 为单匝线圈的长度。于是有 $\theta = nVI$,$I = \dfrac{\theta}{nV}$。

光纤电流传感器的测量范围可从几安培到几千安培,测量精度可高于

百分之一。

(4)磁光成像技术在航空构件涡流检测中的应用。

飞机表面缺陷的实时图像可以采用磁光/涡流成像技术进行监测。这一技术需要应用法拉第效应及利用涡流感应在飞机表面激励并测量垂直的磁场分量。对磁光/涡流成像检测参数的调整包括操作频率、源输入电流相传感元件的参数等。而对于每个具体的检测结构而言,这些参数都需要测试。用有限元方法对磁光/涡流成像源和典型的飞机 NDE 构件样品之间的相互作用进行模拟是一种可行的有效方法。

模拟的结果表明,磁场垂直分量的变化是能够通过磁光/涡流成像检测技术观测到的。如果对分析结果的场的图像加以处理,或对信号结果运用神经网络技术进行自动释义和分类,还可以进一步提高对信号分析的灵敏度。

2.2 各种磁光效应

光波从具有磁矩(包括固有磁矩和感应磁矩)的物质反射或透射后,光的偏振状态会发生变化,这是具有磁矩的物质(称为介质)与电磁波的电场和磁场相互作用的结果。这一物理现象(磁光效应)必然与介质的介电常量张量 $\boldsymbol{\varepsilon}$、电导率张量 $\boldsymbol{\sigma}$ 和磁导率张量 $\boldsymbol{\mu}$ 密切相关。磁光效应及其与各种物理效应的相互作用多处于高频情况下,此时 $\boldsymbol{\varepsilon}$ 已涵盖了 $\boldsymbol{\sigma}$ 所有的作用,而 $\boldsymbol{\mu} \approx 1$ 可以证明,对 $\boldsymbol{\mu}$ 的处理与对 $\boldsymbol{\varepsilon}$ 的处理是相似的。因此,在以下磁光效应理论推导中,仅应用 $\boldsymbol{\varepsilon}$ 就可以了。

在所有的磁光效应中,介电常量张量 $\boldsymbol{\varepsilon}$ 的变化均与介质磁化强度 $\boldsymbol{M}$ 密切相关,显然,$\boldsymbol{\varepsilon}$ 的变化可以用的 $\boldsymbol{M}$ 幂级数展开。根据张量的性质并应用昂萨格关系(Onsager relation)$\varepsilon_{ij}(\boldsymbol{M}) = \varepsilon_{ij}(-\boldsymbol{M})$,介电常量张量的各个分量可表示为

$$\boldsymbol{\varepsilon} = \begin{bmatrix} \varepsilon'_{11} & \varepsilon'_{12} & \varepsilon'_{13} \\ \varepsilon'_{12} & \varepsilon'_{22} & \varepsilon'_{23} \\ \varepsilon'_{13} & \varepsilon'_{23} & \varepsilon'_{33} \end{bmatrix} + \mathrm{i} \begin{bmatrix} 0 & \varepsilon''_{12} & \varepsilon''_{13} \\ -\varepsilon''_{12} & 0 & \varepsilon''_{23} \\ -\varepsilon''_{13} & -\varepsilon''_{23} & 0 \end{bmatrix} \tag{2.45}$$

式中,右边第一项为对称项,与 M 的偶次方有关;右边第二项为反对称项,与 M 的奇次项有关。

对于对称性高于正方(四角)的晶系 $M//c$ 轴成 z 方向,根据诺埃曼原理(Neumann principle), ε 应具有以 c 轴为旋转轴的 C_4 旋转对称操作,由此可得: $\varepsilon_{11} = \varepsilon_{22}$, $\varepsilon_{12} = -\varepsilon_{21}$, $\varepsilon_{13} = \varepsilon_{31} = \varepsilon_{23} = \varepsilon_{32} = 0$。因此,式(2.45)可简化为

$$\boldsymbol{\varepsilon} = \begin{bmatrix} \varepsilon_x & \mathrm{i}\delta & 0 \\ -\mathrm{i}\delta & \varepsilon_x & 0 \\ 0 & 0 & \varepsilon_z \end{bmatrix} \tag{2.46}$$

式中, $\varepsilon_x = \varepsilon'_{11}$, $\delta = \varepsilon'_{12}$, $\varepsilon_z = \varepsilon'_{33}$。坐标轴 x、y、z 分别平行于晶体的 a、b、c 轴。由上可见,对于无吸收的晶体, δ 应为实数。

电位移矢量 D 与电场强度矢量 E 有关系:

$$D = \varepsilon_0 \boldsymbol{\varepsilon} E \tag{2.47}$$

式中, ε_0 为真空介电常量, $\varepsilon_0 = 8.854\,185\,1 \times 10^{-12}$ C · V^{-1} · m^{-1}。光波的磁场强度矢量 H 与电场强度矢量 E 之间关系所满足的麦克斯韦方程为

$$\begin{cases} \nabla \times E = -\mu_0 \dfrac{\partial H}{\partial t} \\[3mm] \nabla \times H = \varepsilon_0 \boldsymbol{\varepsilon} \dfrac{\partial E}{\partial t} \end{cases} \tag{2.48}$$

式中, μ_0 为真空磁导率。

2.2.1　法拉第效应

介质对光波存在吸收的情况下,比法拉第旋转 θ_F 成为复数:

$$\theta_F = \theta'_F + \mathrm{i}\theta''_F \tag{2.49}$$

式中, $\theta_F = (\theta'_{1F} + \theta'_{2F})/2$, $\theta''_F = (\theta''_{1F} + \theta''_{2F})/2$。

θ'_{1F}、θ''_{1F} 和 θ'_{2F}、θ''_{2F} 分别为右旋和左旋圆偏振光比法拉第旋转的实部和虚部。由式(2.48)和式(2.49)可得

$$\theta'_F = \frac{\pi}{\lambda}(n'_+ - n'_-), \quad \theta''_F = -\frac{\pi}{\lambda}(n''_+ - n''_-) \tag{2.50}$$

式中

$$n_\pm = n'_\pm - in''_\pm \tag{2.51}$$

定义

$$n' = \frac{1}{2}(n'_+ + n'_-), n'' = \frac{1}{2}(n''_+ + n''_-) \tag{2.52}$$

$$\delta = \delta' + i\delta'' \tag{2.53}$$

根据以上式子可解得

$$\theta'_F = \frac{\pi}{\lambda(n'^2 + n''^2)}(n'\delta' - n''\delta'')$$

$$\theta''_F = \frac{\pi}{\lambda(n'^2 + n''^2)}(n''\delta' + n'\delta'') \tag{2.54}$$

比法拉第旋转实部 $\theta'_F = \frac{\theta'}{L}$。$\theta'$ 表示介质存在吸收情况下,出射的椭圆偏振光长轴方向相对于入射线偏振光电场强度矢量 E 旋转的角度。此时,由式(2.54)可以看出,θ'_F 的大小与介质损耗 δ'' 亦有一定关系。

式(2.49)比法拉第旋转实部 θ'_F 的平均值描述了磁光材料的法拉第旋转率,它用来表征磁致圆双折射效应(magnetic circle birefringence),一般称为法拉第效应;虚部则描述了磁光材料的磁致圆二向色性(magnetic circle dichroism),圆二向色性主要源于介质对入射线偏振光左右两个圆偏振光的吸收情况是不同的,常用 θ''_F 来表征。椭圆的短轴和长轴之比称为椭圆率 ε_F,可将入射线偏振光的电场强度矢量 E 表示成

$$E = \frac{E_0}{2}\left[e^{-i(\omega t+\theta_1)} + e^{i(\omega t+\theta_2)}\right] \tag{2.55}$$

式中,θ_1、θ_2 分别为右旋和左旋圆偏振光旋转的角度,介质存在吸收时 $\theta_1 = \theta'_1 + i\theta''_1$,$\theta_2 = \theta'_2 + i\theta''_2$,式(2.55)就变为

$$E = E_r e^{-i(\omega t+\theta'_1)} + E_l e^{i(\omega t+\theta'_2)} \tag{2.56}$$

式中,$E_r = \left(\frac{E_0}{2}\right)e^{\theta''_1}$,$E_l = \left(\frac{E_0}{2}\right)e^{-\theta''_2}$。

$E_{max} = E_r + E_l$,$E_{min} = E_r - E_l$ 分别为椭圆偏振光的长轴和短轴,由图2.3所示的椭圆偏振光示意图可知,椭圆率为

$$\varepsilon_F = \tan\psi = \frac{E_r - E_l}{E_r + E_l} = \frac{e^{\theta''_1} - e^{-\theta''_2}}{e^{\theta''_1} + e^{-\theta''_2}} = \tanh\theta'' \tag{2.57}$$

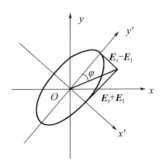

图 2.3　椭圆偏振光示意图

因此,磁致圆二向色性常用 θ''_F 或 θ'' 来表征,若介质圆振二向色性很小,θ'' 就很小,$\varepsilon_F = \theta''$,相反,线偏振光在圆振二向色性很大的介质中传播时,一个圆偏振光全部被吸收,透射后只剩一个圆偏振光。

说明:在上述整个推导过程中,并没有涉及外加磁场。这说明法拉第效应本质上是与介质的磁化强度 M 相联系的,而不是与外加磁场相联系的。但是,在没有外加磁场时,许多磁性介质,如 YIG 材料中的原子或离子磁矩都是混乱排列的,此时 M 很小,甚至为零,因此介质的法拉第旋转一般都很小。在这种情况下,除了应用法拉第效应观察磁性薄膜或透明磁性薄片的磁畴结构外,很少有其他用途。上述理论亦适用于外加磁场存在的情形,一般为了获得大的磁旋光,通常都要施加外磁场。

2.2.2　磁线振双折射和磁线振二向色性

光沿着磁化强度 M 方向传播时发生的磁光效应为法拉第效应和磁致圆二向色性;光沿垂直于磁化强度 M 方向传播的磁光效应为磁线振双折射和磁线振二向色性。

19 世纪末发现在辐射气体中,光沿垂直于外磁场方向传播时会产生线性双折射,这个现象称为福格特效应。20 世纪初又发现,在具有电和磁各项异性分子的液体中,这些分子会沿外磁场方向排列,由此诱发产生的线性双折射现象称为科顿 - 穆顿效应。这两种效应本质上是一样的,因此目前文献中对这两种效应一般不再加以区分。设光波的传播方向为 x 方向:

$$n^2(\boldsymbol{E} - \mathrm{i}E_x) = \boldsymbol{\varepsilon}\boldsymbol{E} = \boldsymbol{D}/\varepsilon_0 \tag{2.58}$$

写成分量形式有

$$\begin{cases} D_x = 0 \\ D_y = \varepsilon_0 n_y^2 E_y \\ D_z = \varepsilon_0 n_z^2 E_z \end{cases} \tag{2.59}$$

由式(2.59)的第一分量得

$$E_x = -\mathrm{i}\frac{\delta}{\varepsilon_x}E_y \tag{2.60}$$

由此得到第二分量：

$$D_y = \varepsilon_0\left(\frac{\varepsilon_x^2 - \delta^2}{\varepsilon_x}\right)E_y \tag{2.61}$$

式(2.61)表示电位移为沿 y 方向的一个椭圆偏振光。式(2.59)的第三分量表示电位移为沿 z 方向(磁化强度 $\boldsymbol{M}$ 方向)的一个线偏振光。比较式(2.58)和式(2.60)得

$$n_y = \sqrt{\frac{\varepsilon_x^2 - \delta^2}{\varepsilon_x}} \tag{2.62}$$

比较式(2.58)和式(2.61)得

$$n_z = \sqrt{\varepsilon_z} \tag{2.63}$$

对于立方对称或各向同性介质,有 $\varepsilon_x = \varepsilon_y = \varepsilon_z = \varepsilon$,则

$$n_y = n_\perp = \sqrt{\frac{\varepsilon^2 - \delta^2}{\varepsilon}} \tag{2.64}$$

$$n_z = n_{//} = \sqrt{\varepsilon} \tag{2.65}$$

考查上述各式可以看出,沿着垂直于磁化强度 $\boldsymbol{M}$ 方向(z 方向)传播的线偏振光可以分解成两个偏振光:一个为在 $x-y$ 平面内偏振的椭圆偏振光(E_x 与 E_y 的振幅比为 $\dfrac{\delta}{\varepsilon_x}$,相应的电位移分量为 D_y);另一个为在 z 方向上偏振的线偏振光。进入介质后,两个偏振光以不同的相速度 $c/n_\perp$ 和 $c/n_{//}$ 向前传播,从而引起双折射现象,产生一个波相对于另一个波相的落后。这是一种磁致双折射现象,习惯上称这个现象为磁线振双折射,它与介质的磁致伸

缩密切相关。

　　由于折射率 $n_{//}$ 和 $n_{\perp}$ 的虚部一般不同,即介质对两个偏振光的吸收一般不一样,因此两个偏振光会以不同的衰减通过介质,从而出现磁线振二向色性。

2.2.3　克尔效应及塞曼效应

　　一束线偏振光入射到具有磁矩(包括感应磁矩)的介质界面上,反射后其偏振状态会发生变化,这个效应称为克尔效应,其示意图如图 2.4 所示。

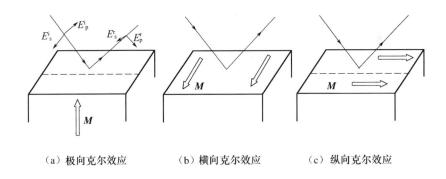

　　　　（a）极向克尔效应　　　　（b）横向克尔效应　　　　（c）纵向克尔效应

图 2.4　克尔效应示意图

　　根据磁化强度矢量 **M** 与光入射面和界面的不同相对取向,克尔效应可分为以下几种。

　　(1)极向克尔效应。极向克尔效应是指磁化强度矢量 **M** 与介质界表面垂直。

　　(2)横向克尔效应。横向克尔效应是指磁化强度矢量 **M** 与介质表面平行,但垂直于光入射面。

　　(3)纵向克尔效应。纵向克尔效应是指磁化强度矢量 **M** 既平行于介质表面,又平行于光入射面。

　　除以上论述的磁光效应外,还有塞曼效应、磁激发光散射(scattering from magnetic excitation)。塞曼效应是某些物质在 $10^5 \sim 10^7 \text{A/m}$ 的磁场中,由入射光源发射的谱线受磁场影响而分裂的谱线间隔与磁场大小成正比的磁光效应;磁激发光散射属于拉曼散射(Raman scattering),是指一束光入射到某些磁化介质中,介质中磁化强度波也会引起入射光的散射,它是磁化强度的磁波子与光子相互作用的结果。

2.3　光纤中的磁光效应

2.3.1　光纤中偏振特性的研究意义

21 世纪是信息时代,信息科学和信息技术正在以前所未有的速度向前发展。信息技术的进步将加速科学技术的发展,对人类社会的进步与发展产生重大影响。光纤作为一种重要的信息通道,对信息技术的发展发挥着极其重要的作用。光纤技术是信息技术的重要组成部分,光纤中的偏振效应具有重要的理论和实际意义。光纤中偏振特性的研究对于光纤通信技术、光纤传感技术等各个方面都具有重大的价值和影响。

从信息领域的角度考查,光纤技术主要涉及两个方面,即信息的传输和采集。前者属于光纤通信技术,后者属于光纤传感技术。光纤中的偏振特性对信息的传输和采集都具有重要的价值和意义。

1966 年,美籍华人高锟博士(C. K. Kao)和霍克哈姆(C. A. Hockham)发表论文,预见了低损耗的光纤能够应用于通信,奠定了现代光纤通信的基础。1970 年 8 月,美国康宁公司首次研制成功损耗为 20 dB/km 的光纤,拉开了光纤通信时代的序幕。与传统的电通信相比,光纤通信具有损耗低、传输频带宽、容量大、体积小、质量轻、抗电磁干扰等优点,自其出现以来发展非常迅速。

随着高速(10 Gbit/s 或更高)、长距离(上千甚至几千千米)光纤通信系统的飞速发展,偏振模色散(PMD)已成为实现未来超高速光纤通信的主要障碍之一。传输的速度越高,偏振模色散产生的干扰越大,限制了单模光纤的信息传输速率。为此,在高速单模光纤通信系统中必须进行偏振模色散补偿。而对光纤中偏振效应的研究直接影响着补偿的效果和实现的可能。

信息技术的发展对光纤通信的容量、速率及距离提出了越来越高的要求。密集波分复用(Dense Wavelength Division Multiplexing,DWDM)技术是目前实现超大容量、超高速率和超长距离通信的主要手段。DWDM 技术近几年发展十分迅猛,目前商用最高光纤传输容量已达到 1.6 Tbit/s。而日本 NEC 公司和法国 Alcatel 公司则分别在 100 km 距离上实现了总容量为 10.92 Tbit/s(273 × 40 Gbit/s)和总容量为 10.24 Tbit/s(256 × 40 Gbit/s)的传输容量,其中后者采用了残留边带过滤和偏振复用技术。偏振复用技术作为一种新的复用技术,已经引起了人们的关注,这种技术将开创光纤通信技术的新局面。康宁公司已经推出的 Pure Mode PM 系列新型光纤,利用了偏振传输和复合包层,可用于 10 Gbit/s 以上的 DWDM 系统中。

光纤通信距离的增大,对系统的检测灵敏度提出了更高的要求,光纤通信系统将向相干光纤通信方向发展。相干光纤通信的最大优点是能提高系统的检测灵敏度,其基本要求是偏振保持。

随着光纤通信技术的飞速发展,人们对光纤通信的要求也越来越高,除要求信息传输的高质量、高完整性外,对信息传输的保密性也提出了更高的要求。偏振光技术可以用于光纤保密通信,选择测试偏振光的偏振态可以有效反映光纤被弯曲窃听而产生的变化,实现在信号加密的同时对传输媒质进行反窃听防护,而且可以利用微机实时监控。

在光纤系统中,全光纤偏振器件以其体积小、便于和光纤连接、连接损耗小等诸多优点而受到欢迎。全光纤偏振器件包括偏振控制器、偏振器、退偏器、隔离器、调制器、分合束器及光开关等。其中,光开关可以实现光束在时间、空间、波长等方面的切换,是光通信、光计算机、光信息处理等光信息系统的关键器件之一。光纤偏振器经过数年发展已经种类繁多。全光纤传感器包括各种用于应力及温度测量的光纤干涉仪,以及全光纤电流传感器等。目前,全光纤偏振器件及全光纤传感器已经成为光信息技术及其相关技术的重要组成部分,对于光信息技术及其相关技术的进步发挥着非常重要的作用。

人们对光纤的研究和改进没有停止过,扭光纤、旋光纤、各种形式的保偏光纤及各种磁光材料光纤相继出现,并发挥着各自应有的作用。同时,光子晶体光纤的出现更是光纤技术的一场革命。

光子晶体光纤是一种由光子晶体概念发展而来的全新的光纤,具有传统光纤所不具备的许多优异的光学特性。在促进光纤技术进步方面,光子晶体光纤偏振特性的研究具有比传统光纤更加重要的意义。目前,人们已经在这方面进行了大量的理论和实验研究,还提出了多种具有高双折射特性的光子晶体光纤模型,保偏光子晶体光纤产品也已经上市。

光偏振效应的应用已进入各个领域,并已深入人类的日常生活,其中的很多应用可以实现光纤化。光纤以其优异的使用特性,将加快这些应用的进程。光纤中偏振效应的研究将对工农业、国防和科学技术,以及人类的生活产生重要的影响。光纤中偏振效应的研究将对光纤偏振器件、光纤传感器、新型光纤及通信系统的发展产生巨大推动作用,对光信息技术及理论的发展产生推动作用。光纤中光的偏振效应因其重要的应用价值而与光信息技术的重大进步联系在了一起。

2.3.2 光纤中磁致旋光特性的研究进展

在光纤中的偏振及旋光效应中,法拉第效应的影响最大,应用也最广泛。光纤中法拉第效应的研究和应用在光纤技术领域已占有一席之地。光纤中的法拉第磁致旋光以其效应明显、便于控制等特点而得到了多方面的应用。其中,最典型的应用是光纤型磁光调制器、光纤型磁光隔离器、光纤电流传感器等。

磁光调制器是一种重要的磁光器件,既可应用于信号处理,也可应用于偏振检测。光纤型磁光调制器具有体积小、质量轻、驱动电压相对较低等优点,是磁光调制技术的发展方向。

光通信系统需要有光隔离器,以便把负载反射来的光隔离掉,保证激光光源工作稳定。光隔离器也是多种光学装置的核心器件。磁光隔离器包括磁光玻璃隔离器和光纤型光隔离器。目前的光纤型光隔离器主要由磁光玻璃 FR5 拉成的光纤和位于光纤两端的由金属铝和介质材料二氧化硅(SiO_2)多层镀膜制成的微型偏振器组成。这种光纤型光隔离器具有很高的消光比和很好的磁光特性,且节省材料,具有很好的应用前景。

利用法拉第效应可以制成光纤电流传感器(传感头采用块状玻璃或光

纤)。它具有绝缘性能优良、无瞬态磁饱和问题、动态范围大、频率响应宽、抗电磁干扰能力强、安全性好、体积小、质量轻、易与数字设备接口等优点。光纤电流传感器被认为是最具前途的高电压大电流测量装置,其发展趋势是全光纤型电流传感器(传感头采用光纤)。在光纤中法拉第效应的应用过程中,如何强化光纤中的法拉第效应,从而提高有关磁光器件的灵敏度是一个非常重要的问题。磁光材料光纤的出现是在这方面迈出的重要一步。磁光材料光纤柔韧可弯曲,可以环绕多圈,从而可以减小体积,降低驱动电压,提高法拉第旋转角度,进而提高器件的灵敏度。目前得到研究和应用的磁光材料光纤主要是磁光玻璃光纤和磁光晶体光纤。

鉴于磁光玻璃的一系列优点,磁光玻璃光纤的研究备受关注。在国内,开展磁光玻璃光纤研究的有中国科学院上海光学精密机械研究所和西安奥法光电技术有限公司等单位。目前的磁光玻璃光纤中,具有代表性的是 Tb^{3+} 掺杂法拉第磁光玻璃光纤和 ZF1 磁光玻璃光纤。Tb^{3+} 掺杂法拉第磁光玻璃光纤的费尔德常数大、光学性能好,可在光纤通信和光纤传感技术领域得到广泛的应用。

激光基座法(LHPG)是将熔区法微小化延伸发展出来的,它的晶体生长方式与熔区法相似,都以表面张力来支撑熔区,无须坩埚的承载,避免了坩埚可能对晶体造成的污染及坩埚误熔的情况。LHPG 利用聚焦的激光充当加热源,可以生长出比生长晶体常用的直拉单晶制造法(CZ)直径更小和品质更好的晶体。应用 LHPG 生长晶体光纤具有生长速度高、适用于生长不同的晶体、可生长出直径极小的晶体光纤及无坩埚污染等优点。应用 LHPG 法生长出的 YIG 晶体光纤是具有微小特性的单晶光纤,可以节省加工成本,在应用上有着无穷的潜力。

2000 年,韩国和美国的科学家联合小组利用 LHPG 生长了 YIG 光纤晶体。2001 年,中国台湾中央大学的科学家也采用 LHPG 生长出了 YIG 光纤晶体。在此基础上,近年来人们已利用 LHPG 成功地拉制出 YAG 晶体光纤和蓝宝石单晶光纤,并应用 LHPG 将 YIG 和掺杂的 YIG 等稀土铁石榴石类材料制作成晶体光纤。

法拉第磁光玻璃是一种新型的功能材料,在磁光隔离器、磁光调制器、磁光开关和光纤电流传感器等磁光器件中有着广泛的应用前景,并随着光纤通信、光纤传感和磁光玻璃光纤制作工艺的迅速发展,越来越受到人们的重视。以它为基本元件制作的器件具有技术先进、性能可靠、较高灵敏度、高抗干扰、高绝缘等优点,同时还具有成本低、体积小、质量轻等特点。西安光机所研制的高费尔德常数的磁光玻璃曾居世界最高水平。磁光玻璃包括光学玻璃、抗磁(即逆磁)元素掺杂玻璃和稀土(即顺磁)元素掺杂玻璃。顺磁型磁光玻璃含 Pr^{3+}、Ce^{3+}、Nd^{3+}、Tb^{3+}、Dy^{3+} 等顺磁性离子;逆磁型磁光玻璃含有极化率高的 Pb^{2+}、Sb^{3+}、Te^{4+}、Bi^{3+}、Tl^+ 等逆磁性离子。顺磁性玻璃的费尔德常数较大,磁光效应的灵敏度较高,但费尔德常数随温度变化较大;逆磁性玻璃的费尔德常数较小,磁光效应的灵敏度较低,但其受环境温度变化的影响较小。Tb3+掺杂法拉第磁光玻璃的费尔德常数大而且在可见光区和红外光区无吸收,因此备受关注。目前,温度效应是阻碍顺磁性磁光玻璃应用发展的主要因素,开发具有较低温度敏感性的顺磁性磁光玻璃是当前研究的主要目标之一。同时,研究具有近紫外吸收和磁光效应的磁光玻璃也是磁光玻璃研究的一种新趋势。

与磁光晶体相比,磁光玻璃的费尔德常数较小,但磁光玻璃具有的一系列优点(不会磁饱和、透光性能好、光学均匀性好、价廉、易制得大尺寸制品),使其在磁光器件上显示出强大的生命力。磁光晶体作为法拉第磁旋光材料的研究着重于提高磁旋光的灵敏度和稳定性,人们已经找到了一些可用作法拉第元件的晶体和非晶体材料。常用的材料包括铅玻璃、FR-5玻璃、$Bi_{12}SiO_{20}$(BSO)、YIG、稀土掺杂 YIG,以及经过退火处理后性能更好的 YIG 磁光材料等。稀土铁石榴石类材料包括 YIG 和各种掺杂的 YIG 材料。YIG 材料的费尔德常数要比典型的磁光玻璃高 2~3 个数量级,掺杂的 YIG 晶体还具有较好的温度特性。石榴石膜片具有较高的法拉第旋转灵敏度和较好的高频响应,适用于高灵敏度的探测。高性能的磁光器件还要求石榴石膜片具有较好的温度特性,即费尔德常数随温度的变化较小。

磁光晶体的一种固有特性是费尔德常数的温度依赖性,它起源于磁光晶体饱和磁化强度的温度依赖性。人们对各种稀土离子铁石榴石进行研究发现,一些稀土离子铁石榴石具有正的温度依赖关系,而另一些稀土离子铁石榴石具有负的温度依赖关系。如果将具有相反温度依赖性的离子进行混合,可以生长出费尔德常数随温度变化较小的磁光晶体,如 YIG 单晶。YIG具有较大的法拉第旋转角度且随温度变化较小,这对于研制高灵敏、高稳定的磁光调制器件具有重要意义。前面已经提到,近年来出现的磁光材料光纤包括磁光玻璃光纤和磁光晶体光纤。磁光材料光纤是非常重要的磁光调制介质,磁光材料光纤的出现和发展,将加快磁光调制器件的小型化、标准化、高速化的进程,对磁光调制技术的发展有至关重要的作用。

人们在不断地进行材料方面研究的同时,还就改善磁场性能方面进行了不懈的努力。人们已经研制出热效应小、速度快、磁滞小、稳定性好,同时结构简单、成本低的磁光调制器。在此基础上,出现了全光纤高速磁光开关。在将磁光调制原理应用于偏振检测方面,也有相当的进展。人们已经提出了多种基于磁光调制原理的偏振检测系统的方案,在提高偏振检测精度,改进偏振检测性能方面各有独到之处。

随着科学技术的不断发展和光信息技术的不断进步,对全光纤磁光器件的研究就显得更为重要,这必将促进磁光材料光纤的研究。传统全光纤磁光器件的一个根本性问题就是光纤不能保持全波段单模运行,这使其应用受到了限制。光子晶体光纤具有优于传统光纤的色散特性和单模特性,可弥补传统光纤用于磁光器件的缺陷,对于优化光纤中的磁旋光特性有重要意义。当前,光子晶体光纤还未进入工业化生产,昂贵的价格使其还不能广泛地使用,但是随着技术的进步,性状更加优良的光子晶体光纤大规模生产和使用的日子肯定会到来,光纤磁旋光技术将迎来又一个春天。

参 考 文 献

[1]廖延彪. 偏振光学[M].北京:科学出版社,2005:45 - 47.

[2]薄秀华,张文雪. 偏振光学在交通安全中的应用研究[J]. 河北省科学院学报,2003,20(3):144 - 146.

[3]石世忠. 关于改进汽车前灯和挡风玻璃的可行性研究[J]. 客车技术与研究,2001,23(4):22 - 23.

[4]朱海平,徐志君.基于光偏振特性测定烟雾浓度的新方法[J].光学仪器,2000,22(1):11-14.

[5]胡庆,王敏琦,袁绥华,等.偏振光在保密通信中的应用研究[J].半导体光电,2001,22(6):397-400.

[6]李晓梅,薛大建,张惠成,等.线偏振光在眼科医学中的应用研究[J].中国医学物理学杂志,1997,14(2):99-100.

[7]王小京,朱玲.红外偏振光在物理治疗中的应用[J].技术论坛,2001,7(6):4-8.

[8]朱圣星,王鲲,陈绍林,等.铌酸锂晶体光学质量的评估及评估方法探讨[J].南开大学学报(自然科学),2001,33(4):114-116.

[9]孟振庭,王君龙.利用偏振薄膜对露天石质文物进行保护[J].西北大学学报(自然科学版),2001,31(5):392-395.

[10]陈篮,莫党.现代椭偏光谱学的回顾与展望[J].光谱实验室,1999,16(1):19-23.

[11]冯明明,秦小林,周春源,等.偏振光量子随机源[J].物理学报,2003,52(1):72-76.

[12]唐若愚,于国萍,王晓峰.自然光照下偏振度图像的获取方法[J].武汉大学学报(理学版),2006,52(1):59-63.

[13]王之桐.多束激光相位共轭偏振合成技术的实验研究[J].激光与红外,2003,33(6):430-432.

[14]刘公强,乐志强,沈德芳.磁光学[M].上海:上海科学技术出版社,2001:30-52.

[15]李国栋.当代磁学[M].合肥:中国科学技术大学出版社,1999:309.

[16]郭留河,李克轩,刘永辉,等.法拉第效应及应用[J].物理与工程,2000,10(6):47-49.

[17]任吉林,吴彦,邬冠华.磁光成像技术在航空构件涡流检测中的应用[J].仪表技术与传感器,2001,12:36-38.

[18]鲍振武,王林斗.光纤中的磁性光学效应[J].天津大学学报,1994,27(4):403-411.

[19] FOSCHINI G J, POOLE C D. Statistical theory of polarization dispersion in single mode fibers [J]. Journal of Light wave Technology, 1991, 9: 1439 – 1447.

[20] KIKUCHI N. Analysis of signal degree of polarization degradation used as control signal for optical polarization mode dispersion compensation [J]. Journal of Lightwave Technology, 2001, 19(4): 480 – 486.

[21] LIM H J, DEMATTEI R C, FEIGELSON R S. Growth of single crystal YIG fibers by the laser heated pedestal growth method [J]. Materials Research Society Symposium Proceedings, 1998, 481: 83 – 88.

[22] LIM H J, ROBERT C D, ROBERT S F, et al. Striations in YIG fibers grown by the laser – heated pedestal method [J]. Journal of Crystal Growth, 2000, 212: 191 – 203.

第3章　磁场二维光学成像

本实验是对通过光学方法实现磁场成像的探索和验证,是实现三维层析成像的基础。

3.1　消光法磁场二维光学成像

3.1.1　实验原理

光的偏振是指光波的电矢量振动在空间的分布与光的传播方向失去对称性的现象。只有横波才能产生偏振现象,故光的偏振是光的波动性的又一例证。在垂直于光的传播方向的平面内,包含一切可能方向的横振动,而且平均地看,任一方向上都具有相同的振幅,这种横振动对称于传播方向的光称为自然光(非偏振光),凡振动失去这种对称性的光统称偏振光。偏振光包括如下几种。

(1)线偏振光。在光的传播过程中,只包含一种振动,其振动方向始终保持在同一平面内,这种光称为线偏振光(或平面偏振光)。

(2)部分偏振光。光波包含一切可能方向的横振动,但不同方向上的振幅不等,在两个互相垂直的方向上振幅具有最大值和最小值,这种光称为部分偏振光。自然光和部分偏振光实际上是由许多振动方向不同的线偏振光组成的。

(3)椭圆偏振光。在光的传播过程中,空间每个点的电矢量均以光线为轴做旋转运动,且电矢量端点描出一个椭圆轨迹,这种光称为椭圆偏振光。迎着光线方向看,凡是电矢量顺时针旋转的称右旋椭圆偏振光,凡逆时针旋转的称左旋椭圆偏振光。椭圆偏振光中的旋转电矢量是由两个频率相同、振动方向互相垂直、有固定相位差的电矢量振动合成的结果。

　　(4)圆偏振光。旋转电矢量端点描出圆轨迹的光称圆偏振光,是椭圆偏振光的特殊情形。

　　人们利用光的偏振现象发明了立体电影,在照相技术中用于消除不必要的反射光或散射光。光在晶体中的传播与偏振现象密切相关,利用偏振现象可了解晶体的光学特性,制造用于测量的光学器件,以及提供诸如岩矿鉴定、光测弹性及激光调制等技术手段。一般的光源如太阳、电灯、蜡烛所发出的光线都是自然光,但它们的偏振特性很容易被改变。

　　偏振光可以通过许多种方法产生,如利用反射及折射产生偏振光,利用双折射产生偏振光,利用物质的二向色性产生偏振光,利用散射产生偏振光,利用金属丝光栅或金属层光栅产生偏振光,还可利用真空镀膜的金属薄膜产生偏振光等。怎样才能识别光的偏振状态并准确地度量它的偏振度呢? 人眼不能区别自然光与偏振光,照相底片也一样,必须利用一种特殊的光学元件——偏振器(如偏振片、偏振棱镜)才能区别。偏振片是一种只允许横向分量为某一固定方向的偏振光通过的器件,它内部像一种看不见的栅缝,当非偏振光通过它时,这种栅缝就将原来极其杂乱的包含所有方向的横向振动光线进行过滤,使透过它的光线成为只在一个方向上振动的偏振光。能让光波中电场振动通过的这种栅缝方向称为偏振片的透光轴。

　　研究中,激光器出射光为部分偏振光,经偏振片或偏振分光棱镜后可以变为线偏振光。线偏振光是发生法拉第效应的必备条件。太阳光为自然光,入射到地表经反射后可以变为部分偏振光,甚至变为线偏振光,这是进行磁致旋光地球磁场成像的必要条件。

　　描述部分偏振光性质的一个有效方法是把它看成一定比例的自然光和偏振光叠加的结果,通常用偏振度 P 来表示:

$$P = \frac{I_p}{I_p + I_n} \tag{3.1}$$

式中,I_p、I_n 分别为偏振光和自然光的强度。显然,自然光的 $P=0$,完全线偏振光的 $P=1$,P 的范围是 $0 \leqslant P \leqslant 1$。

　　当部分偏振光中只是线偏振光和自然光的混合时,把自然光分成两个不相干的正交 P 态,且其中之一平行于线偏振光,另一束则与之垂直,其强

度最大值用 I_{max} 表示、最小值用 I_{min} 表示,其中完全线偏振光的强度 $I_p = I_{max} - I_{min}$,在总强度中自然光的强度是两正交方向分量的总和,$I_n = 2I_{min}$,这样可得偏振度 P 为

$$P = \frac{I_p}{I_p + I_n} = \frac{I_{max} - I_{min}}{I_{max} + I_{min}} \tag{3.2}$$

由于太阳光经地表反射的通常为部分偏振光,而要寻求的就是反射光偏振化最大时所对应的入射角。从其应用角度,将典型地表反射的实验研究结果运用于地磁成像技术。将上述几种典型地物的镜面反射和非镜面反射情况进行分析,得到如下结论。

不论入射光的偏振状态如何,只要它以布儒斯特角入射到介质界面上,反射光就必定是电矢量垂直于入射面的线偏振光。一般情况下,太阳光入射在地表物质表面上发生反射时,地表反射光为部分偏振光。随入射角度变化,地表反射光均有偏振度最大情况出现。

1. 反射光的偏振性质

反射光的偏振特性对利用法拉第效应进行地球磁场成像至关重要,为了进一步验证反射光的偏振特性,本课题组人员专门做了相关的验证实验。实验通过对几种典型地物(如土、沙、石、木块、水泥)的非镜面反射(其中入射光为自然光)和对水、玻璃、金属的镜面反射实验进行验证,其中入射光分别为自然光、部分偏振光、水平和竖直偏振光。对每一种物质,当光以不同角度入射后,分析其反射光的偏振特性随入射角的变化情况。最后还分析了入射线偏振光、部分偏光振动面与入射面不重合或不垂直时,反射光偏振特性的变化情况。分别对草、黄色环氧板、沥青楼顶、绿帆布、水泥路面及铁板六个样品做了反射光偏振特性测量,结果表明偏振特性与目标的性质测量波长、观测角度均有很大关系,不同物体的反射光偏振光谱存在较大差异,其偏振度是太阳高度角、观测角、方位角和测量波长的函数,并且与样品本身的特性(如粗糙度、含水量、构成材料的理化特性等)息息相关。根据样品与其偏振光谱之间的联系,以及自然物体与人造物体偏振度的明显对比,可以将偏振遥感作为光度遥感的辅助手段,从而更有效地识别目标。

偏振光入射到转动的检偏器时,透射光强会呈现强弱变化,马吕斯定律

给出这种变化的规律。偏振光入射检偏器时,只有平行于偏振化方向的光振动分量能够通过。若用 E_0 和 E 分别表示入射偏振光光矢量的振幅和透过检偏器的偏振光的振幅,当入射光的振动方向与检偏器的偏振化方向 OP 成 α 角时,有

$$E = E_0 \cos^2 \alpha \tag{3.3}$$

因光强与振幅的平方成正比,故透射偏振光和入射偏振光光强之比为

$$\frac{I}{I_0} = \frac{E^2}{E_0^2} \cos^2 \alpha \tag{3.4}$$

这就是马吕斯定律。当 $\alpha = 0$、π,即二者平行时,$I = I_0$,透射光最强;当 $\alpha = \frac{\pi}{2}$,即二者垂直时,$I = 0$,出现消光现象。

2. 费马原理

费马(P. de Fermat)通过对光学几何的研究提出,一束光(光线)在两点间实际经历的路程是最短时间经过的那一条路径,费马的说法可以概括几何光学的基本定律,便于说明光波在非均匀介质中的传播规律。尤其是,费马原理与力学最小路径的原理相似,可以说是在更高层次上说明了几何光学的规律。但是费马原理是不完善的,需要导出更恰当的表述方式。

在非均匀介质中光波的波线可以是曲线。在波线上任选一点 O 为原点,以波线上任一点到 O 点的路程 l 作为该点的坐标(曲线坐标)。设在一条波线上有坐标为 l 和 $l + \Delta l$ 两点(图 3.1),只要 Δl 足够小,就可以认为在这段路径上有均匀的折射率 n 和波速 v,则光波经历这段路程所需的时间为

$$\Delta t = \frac{\Delta l}{c} \quad 即 \quad \Delta l = c \Delta t \tag{3.5}$$

图 3.1 光的波线

光程把光在介质中经历的路程,按传播时间折合为光在真空中经历的路程。

因此,可以用光程来表示光波传播经历的时间。在定义了光程之后,费马原理可表述为两点间光线的实际路径,是光程平稳的路径。平稳是指实际路径与其他路径比较差别极小或相等。若用数学语言来表述,则费马原理为在光线的实际路径上,光程的变分为0,计为

$$\delta l = \delta \int_l n \mathrm{d}l = 0 \tag{3.6}$$

光线的反射如图3.2所示,由 A 点发射出来的光线,可能经过反射镜上的 Q 点或 Q' 点到达 B 点。费马原理认为,在这些光波经历的路径中,光程取极值或等光程的路径才是实际的光的路径。用费马原理可以证明,实际的路径遵循反射定律。费马原理只是几何光学的根本原理,它不能说明光的衍射现象。

又如由 A 点发射出来的一组光线,可以通过透镜交于 B 点(图3.3)。即 A、B 两点之间可以有不止一条光的实际路径。按照费马原理,任一条路径的光程不能比其他路径的光程大,因此这些路径的光程应是相等的。从这个例子可以看出,用变分表述费马原理,比费马原理原来的说法准确一些。

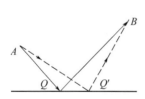

图3.2　光线的反射

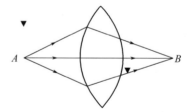

图3.3　经过会聚透镜的光线

费马原理是在确定光的波动学说以前提出来的,所以还需要从波动来理解费马原理的内涵。在各向同性均匀介质中,行波的波线是直线。若在波线上选一点 O 为原点(图3.4),则在坐标为 l 处的波的表达式为

图3.4　各同向性均匀介质中的波线

$$E = E(l)\cos\left(\omega t - \omega\frac{l}{v} + \varphi_0\right) \tag{3.7}$$

式中, l/v 表示波动自原点传播至坐标为 l 处经历的时间。按照 l/v 的物理意义, 这个因子可以用光程 c 代替, 即波动的表达式可以写成

$$E = E(l)\cos\left(\omega t - 2\pi\frac{l}{\lambda_c} + \varphi_0\right) \tag{3.8}$$

用光程表示空间相位因子后, 则波动的表达式不局限于均匀介质, 波线也允许是曲线或折线。在一条波线上有光程差为

$$\Delta\varphi = -2\pi\frac{l}{\lambda_c} \tag{3.9}$$

现在再分析凸透镜成像, 如图 3.5 所示, 自 A 点发出的沿各条波线传播的光波, 在离开 A 点的瞬间振动是同相的。当各条光线会聚在 B 点时, 因各条光线的光程相等, 各条光线上的振动相对于 A 点有相同的相差, 所以各条光线的振动仍是同相振动。各条光线会聚成像, 实际上是各条光线表示的光波在 B 点按同相振动叠加成像。也可以说由点光源发射的发散球面波, 经过透镜变换成会聚的球波面。当波面通过运动会聚为一点时, 该点就是光源 A 点的像。可以说"像点"是一个微缩的等相面。

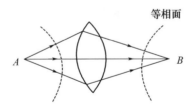

图 3.5　凸透镜成像

根据以上分析可以得出如下结论: 光波的任意两个等相面之间, 可以有多条不同的光线(波线), 这些光线的光程必相等。

3.1.2　实验过程

本实验的目的是把一个有一定厚度的平面内的磁场强度沿厚度方向上分布的累积值通过光学的方法恢复出来。实验的基本思路是, 通过光学系

统把图3.6和图3.7中反映磁场强度累积值的 ZF6 玻璃近 CCD 表面的光强分布均匀地传输到 CCD 接收面,最后通过对比算法算出每一像素点上的偏光旋转度,从而得出相应的磁场强度的二维分布。

1. 实验装置

成像形式分为透射型和反射型两种。

(1)透射型成像实验装置图如图 3.6 所示。光源激光器发射出的激光经过起偏器后成为竖直方向上的线偏振光,经过凹透镜和凸透镜 1 之后成为直径接近 100 mm 的平行光束,垂直穿过厚度为 10 mm 的 ZF6 玻璃板,然后由凸透镜 2 会聚,经检偏器检偏,再经过光阑,最后由 CCD 接收。CCD 采集的图像储存于计算机,等待后续处理。在 ZF6 玻璃板的前后表面,对称布置着若干永磁体,以产生待测磁场。

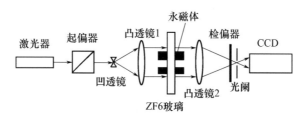

图 3.6 透射型成像实验装置图

(2)反射型成像实验所用的实验器材与透射型实验大致相同,只是实验装置的布置有所改变,如图 3.7 所示,激光束经凹透镜和凸透镜 1 扩束到直径约100 mm,该平行光束在 ZF6 玻璃板的后表面发生反射,经凸透镜 2 会聚,再经检偏器、光阑,最后到达 CCD。这里提供磁场的永磁体紧贴着 ZF6 玻璃板后表面布置。这个实验中需要的是玻璃板后表面的反射光,而同时玻璃板的前表面也反射光。由于前后表面反射光经过凸透镜 2 后的会聚点不同,因此可以利用光阑将前表面反射光遮挡,避免其进入 CCD。

反射型成像这里也分两种情形:一种是入射光为线偏振光的反射成像,这时应在激光器和凹透镜之间加上起偏器,产生竖直方向的线偏振光,由这一线偏振光束在 ZF6 玻璃板后表面发生反射(图 3.7);另一种是光路中不加起偏器,由自然光直接在 ZF6 玻璃板的后表面发生反射,成为线偏振光或

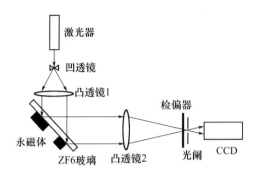

图 3.7　反射型成像基本实验装置

者部分偏振光,该反射光穿出 ZF6 玻璃板的过程中,在磁场中发生磁致旋光。这在一定程度上模拟了地磁成像测量技术中太阳光在地表发生反射成为偏振光,然后在穿出大气层的过程中在地球磁场作用下发生磁致旋光的过程。

2. 实验材料

（1）光源。

实验对光源的输出功率要求不高,但是对光源的稳定性和方向性要求较高,另外要提到的是地球的大部分表面被海水覆盖,其所反射的太阳光为蓝色波段的部分偏振光,实验本希望用蓝光作为光源,但由于蓝色激光器造价较高;而实验室现有的 OPO（光参量振荡器）虽然可以提供不同波长的光,但稳定性较差,故而采用绿光半导体激光器作为实验用光源。半导体激光器性能稳定、体积小、便于控制和调节,而且其出射光便于探测和观察。以西安思拓光电技术有限责任公司出产的输出功率为 5 MW,工作波长为 532 nm 的半导体点光源激光器作为实验光源。另外又用西安精英光电技术有限公司出产的输出功率大于 3 MW,工作波长为 635 nm 的可调焦半导体点光源激光器作为光源做了参考实验。

（2）透镜。

①凹面镜。为了使光束扩散开来,从而最终形成直径较大的光柱,便于通过透射成像,在实验中采用了 $\phi 2.15$ cm、$f = 5.5$ cm 的凹透镜用于扩散光束。

②凸面镜。在透射成像实验中,为了获得让平行光通过 ZF6 玻璃并将平行光会聚以便 CCD 的芯片接收,分别在 ZF6 玻璃前和检偏器后放置了 $f=150$ cm 和 $f=50$ cm 的两个大口径($\phi9$ cm)凸透镜。

(3)起偏器。

采用偏振分光棱镜作为起偏器。

(4)检偏器。

为了提高偏光检测的精度,便于读数,把光学旋转台中间的载物台拆下,再把偏振片装到原来载物台所在位置,通过调整,使得偏振片所在平面的法线方向和旋转台的旋转轴保持平行,然后再把旋转台竖直固定,制成便于操作的检偏器(图3.8)。

图3.8　检偏器实物

(5)磁旋光介质。

为了验证此方法的可行性并使实验结果较为明显直观,采用折射率较大(1.755 23)的 ZF6 玻璃作为磁旋光介质。因为进行的是二维成像实验,需要一个近似于平面(又需要有一定的厚度,因为磁致旋光是一个累积效应)的磁旋光介质,所以实验所用 ZF6 玻璃为正方形玻璃板,其几何尺寸长度为 100 mm,宽度为100 mm,厚度为 10 mm。

（6）永磁体。

为简单模拟磁场，采用的材料为烧结钕铁硼磁铁，剩磁为 1 180 MT，内禀矫顽力为 955 kA/m 的永磁铁模拟磁场。实验中用到的永磁体有多种形状（圆片状、中空圆片状、圆柱状），在不同实验中，通过更换磁铁或者改变磁体的相对位置，以便获得不同的磁场分布。

（7）图像接收器。

本实验对图像接收器补偿等功能没有要求，只要求图像接收器具有较大的动态范围（可以避免在接收通过旋转中的检偏器后的光强在接收处饱和引入误差）和灵敏的分辨率以及较高的稳定性，采用深圳和普威尔电子科技有限公司 HZ – 670p 型 CCD［像素为 752（H）×582（V），水平解析度为 600 line，最低照度为 80.000 1 lux，信噪比大于 48 dB］作为实验的图像接收器。需要说明的是，为了减少不必要的干扰和畸变，卸掉了 CCD 前面的镜头，直接用 CCD 芯片进行接收。

（8）计算机。

用配有图像采集卡和 CCD 驱动程序的计算机来控制 CCD 进行图像采集，并用计算机进行数据保存处理和分析。

3. 实验光路可行性分析

根据 $\theta = VLH$，实验所测得的 θ 其实并不是真正的无限小点上的 H 的反映，而是长度为 L 的范围内 H 的累积结果，同时，又由于在透视成像实验中，磁场强度不一定和平行光平行，在反射实验中也如此，但由于实验所用 ZF6 玻璃厚度为 1 cm，磁场强度在这一厚度范围内变化不是很大，而且实验的出发点是探索一种磁场成像的新方法，认为磁场强度在接近 ZF6 玻璃厚度（因为反射成像中累积路线显然大于 2 倍的 ZF6 玻璃厚度）上的累积可以粗略反映磁场在 ZF6 玻璃平面上的分布。

前面关于波阵面的理论表明，平行光束中波阵面是一系列平面，而会聚光束的波阵面是一系列朝向会聚点的球面，在透射的情况下，紧贴 ZF6 玻璃的波阵面是平面，而紧贴 CCD 接收面前的波阵面是球面（图 3.9 虚线），此时如果 CCD 接收面是相应的球面，则可以保证，光波由 ZF6 玻璃传播到

CCD 接收面的过程中,等相条件依然满足,而事实上 CCD 接收面是一个平面,所以光波到达接收面时已经产生了相位差。

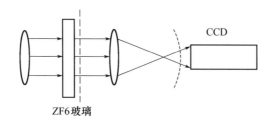

图 3.9 透射型成像波阵面示意图

在反射的情况下,仅为了考查相位变化情况,可以假设紧贴 ZF6 玻璃的平面为起始波阵面,当这个波阵面传播到 CCD 接收面时应该呈一个平面和球面组合而成的弧形面(图 3.10),与上述情况同理,因 CCD 接收面不是相应弧形面,而是一平面,所以光波到达接收面时已经产生了相位差。

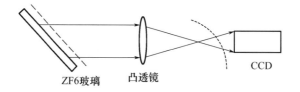

图 3.10 反射型成像波阵面示意图

实验所用到的是宏观的光强度,光波相位对此的影响不必也无法估计。此处对相位的分析只是为了考查物面(ZF6 玻璃内磁场)和像面(CCD 接收面)之间的时间关系,即从物面任一点传出的光线是否同时到达像面。虽然两种情况下都产生了相位差,但因为其引起的时间差异极其微小,完全在实验允许范围内(实验进行时间远大于这一时间差异,而这已经引入了光源不稳定性所带来的误差)。

由几何光学成像原理可知,物体通过凸透镜在像方焦距 f' 之外成一个倒立实像。实验中的成像规律基本符合此规律,但由于实验中 ZF6 玻璃处射出的是平行光束,即每一像点只射出一条平行光,而不像普通光学成像过程中,每一个像点可以看作一个点光源,即可向不同方向射出无数条光线,因此普通光学的像点是物点光线通过不同路径会聚而成(图 3.11)的,实验中物点只是像点发出的一条平行光线在 CCD 接收面上的落点(图 3.12),在物点只发出平行光的前提下,物体的像可以看作物体平移到凸透镜处出射光线通过像方焦距 f' 在物面上所成的像,由三角知识可知,此时除与普通光学成像一样可以在像面处 $(f'+x')$ 成一实像外,与普通光学成像不同的是,在 JP凸透镜右侧不同位置处可以成不同大小的实像,这有利于灵活选择图像接收点,使得像面大小适合于 CCD 接收面的大小,由此也可看到,通过本实验反映 ZF6 玻璃面上的磁场信息的做法用几何光学成像理论计算是正确的。

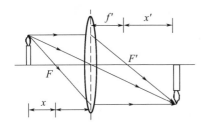
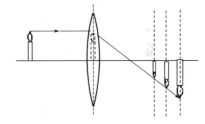

图 3.11　普通光学成像物点光线示意图　　　**图 3.12　本实验物点光线示意图**

在反射成像的情况下,实验要得到的是磁场在 ZF6 玻璃平面上的分布(图 3.13),而这样成像其实只得到磁场在 ZF6 玻璃平面上分布信息的一个投影 $M'(x,y)$,则 ZF6 玻璃平面上的磁场信息为 $M'(x,y)\cos\alpha$。

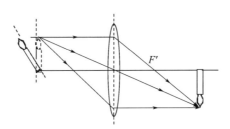

图 3.13　磁场在 ZF6 玻璃平面上的分布

3.1.3　实验分析

本实验流程可以简洁概括为拍摄图片、分割比较、号码角度对应、反算磁场。

具体操作如下,首先,让起偏器和检偏器的偏振化方向正交,把检偏器的这一偏正化方向定为零位;再调整检偏器上的微调旋钮,使确定的零位正好处于微调旋钮调节时检偏器转动角度范围的中心点,以保证检偏器转动角度范围能够包括两个方向旋转的偏振光的旋转角度;然后按单位转角的整数倍旋转微调旋钮(可以保证反向旋转时,转动单位转角的整数倍又能回到零点),直到 CCD 上所显示图像的磁场部分灰度对比不大(即各部分消光都不明显)。

做完以上准备和调整,开始拍摄图片。首先,在该位置先拍摄一幅图片,开始反向(与刚才旋转离开零位的方向)旋转检偏器(转动微调旋钮),每隔一整数单位转角的整数倍(恰好为刚才旋离零位总角度的整数分之一)拍摄一张图片;然后,依次类推,一直同向旋转并拍摄,直到在零位的另一边也拍摄相同数目的图片。这样,在零位两边就获得了数目相同的等间隔(当然近零位的两幅图片和零位间隔也与此相同)(间隔是指每幅图片经检偏时检偏器的偏振化方向之间的角度间隔)的一系列图片。

图片由计算机控制 CCD 拍摄,所拍图片储存于计算机中。随即通过编制程序,在检偏器的某一偏振化方向所对应的图片的灰度信息逐像素点地进行搜索对比,比较得出对应于该偏振化方向的具有最小灰度值的像素点,则可以确定该像素点的旋光角度就和这时检偏器的偏振化方向偏离零位的角度(注意方向)是一致的。对检偏器的每一偏振化方向所对应的图片重复以上程序,则可以得到每一像素点所对应的偏光角度。实验中,直接旋转并读取载有偏振片的刻度盘的微小转角十分困难,因此实验中旋转和读取检偏器上偏振片的转角都是通过旋转台上的微调旋钮来完成的,通过反复实验,最终测得微调旋钮上最小刻度对应于偏振片 0.665 7′的转角。

1. 透射型光路实验结果

(1)采样图片。采样时的设置指标和条件如下。

①在偏振盘顺光路顺时针约 −5.1 ~ +5.1 的过程中,微调旋钮连续逆时针转过 20 圈。

②微调旋钮每转过 5 格拍照一次。

③两块圆柱形磁铁隔 ZF6 玻璃侧面相对放置。

④光线正透射玻璃。

因为实验中图像采集的密度(指检偏器偏振化方向角度间隔)很大,所以每次采集的图像数量很多,不便——列出,为了反映所采集数据的变化趋势,这里在一组采集图片中,由零点开始(包括零点)向两边每隔一定角度间距取一张图片列举如下(图 3.14)。其中,本次测试总共拍摄图片 200 幅,零点所对应的图片 100 因为不好编排没有列举出来。采样总数 = 图片最大序号,采样间隔 = (5.1 + 5.1)/采样总数。

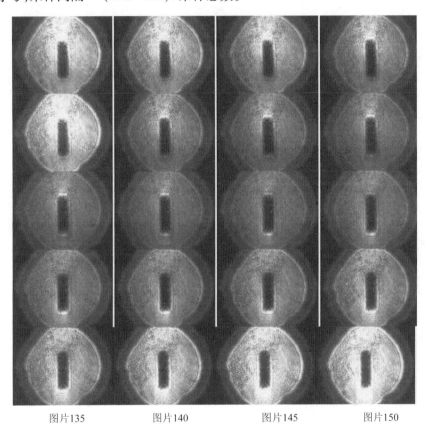

图片135　　　　图片140　　　　图片145　　　　图片150

图 3.14　透射型采样图片

(2)处理结果。对图 3.15 所示的透射实验处理结果应用计算机程序进行处理得到如图 3.16 所示的透射实验灰度并联关系。

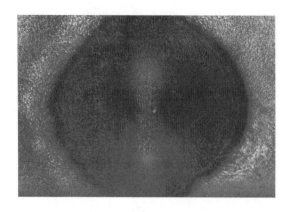

图 3.15   透射实验处理结果

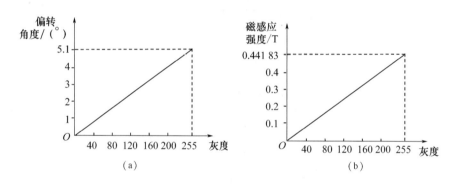

图 3.16   透射实验灰度关联关系

结果比对,经程序处理后,得到的结果图片因其每一像素点灰度正比于该点的偏光角度,所以它确实基本反映了磁感应强度的分布,但是因为测试所采用的角度间隔和测试范围不定,所以程序处理得出的分布图其实只是一个相对分布图,而不是一个绝对分布图(即每次都是同一灰度代表同一磁感应强度)。

实验中编制的程序所能分析的图片是 8 位灰度图片,能够区分的总灰度级别是 256 级,程序在逐像素点处理图片时,针对每一个像素,都把目前检偏器最大转角确定为最大灰度值(即规定其灰度值为 255)(注意:这里结果图像灰度和检偏器偏转角度(即偏离前面所确定的零点处(角度)的总角度值)直接相关),而把检偏器的 0 偏转角度确定为 0 灰度值。形象地说就是,如果某一像素点光强最小值所对应的角度在本次测量检偏器的最大偏转角度处,则规定其灰度值为255,即在结果图片中显示为最亮(白);如果该像素点光强最小值所对应的角度在前面所确定的检偏器偏转之前所在的0点处,则规定其灰度值为0,在结果图片中显示为最暗(黑);如果该像素点光强最小值所对应的角度在检偏器偏转最大角度和0点之间,则按其所在图像(指采集的图像)的编号对应其所对应的检偏器偏转角度,按线性关系确定结果图片中该像素点的灰度值。

　　根据上面分析,就可以针对每一次测量的总采集角度间隔,具体确定该次测量最大灰度值(255 级灰度)所对应的具体的检偏器偏转角度,再根据公式 $\theta = VBL$(V 为费尔德常数,对于 ZF6 玻璃, $V = 20.146\ \mathrm{rad/T \cdot m}$),就可以算出其对应的磁感应强度。本次实验中,由前边采样条件可见,检偏器偏转角度为 5.1°,则 5.1°对应最大灰度值(255 级灰度)。因为双方为线性关系,可以做出它们的线性关系图 $\boldsymbol{B} = \theta/VL = 0.441\ 83\ \mathrm{T}$(因为程序处理得出的分布图其实只是一个相对分布图,为了方便大家观察比对),应用这一结果,特制成"磁感应强度比对卡"(图3.17),使得大家在考查结果图片时能够把具体的灰度值比对为特定的磁感应强度值(尤其便于在计算机上进行比对)。

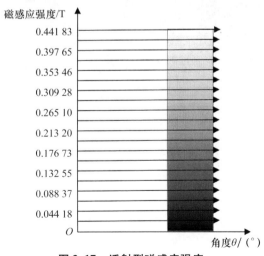

图 3.17　透射型磁感应强度

2. 反射型光路实验结果

（1）采样时的设置指标和条件如下。

①偏振片起始位置：转盘上 −10.7°度与固定盘 30°对齐；中间位置：0°对应固定盘 30°；末位置：+10.7°度对应固定盘 30°。②微调旋钮每转 10 格拍照一次图片。

（2）采样图片。

反射型采样图片如图 3.18 所示。

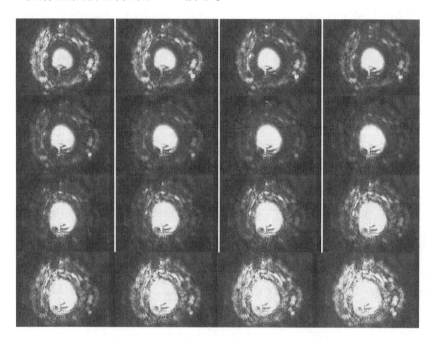

图 3.18　反射型采样图片

（3）处理结果。

反射型磁感应强度分布如图 3.19 所示。

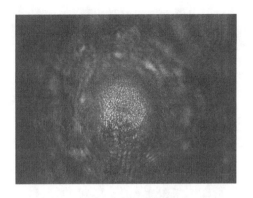

图 3.19 反射型磁感应强度分布

（4）比对卡。

把 $\theta = 10.7°$ 代入 $\theta = VBL$，得 $B = 0.926\,984$ T 由此可知反射型磁感应强度比对卡如图 3.20 所示。

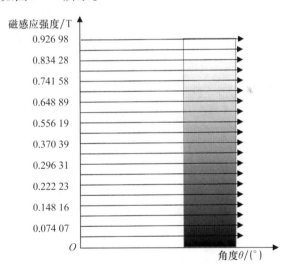

图 3.20 反射型磁感应强度比对卡

3.2 倍频法磁场二维光学成像

前一方法所用的消光法偏振检测由于消光位置附近光强变化率较

小,检测精度稍差。为了更精确地检测偏振面的旋转角度,本实验在前述实验的基础上,设计了新的实验方案,应用倍频法对磁场成像方法进行改进。

3.2.1 倍频法概述

倍频法在实验中往往需要和波动的合成结合使用。当质点同时参与两个不同方向的简谐振动时,质点的位移是这两个振动位移的矢量和。一般情况下,质点将在平面上做曲线运动。质点的轨道可有各种形状,轨道的形状由两个振动的周期、相位来决定。为简单起见,首先讨论两个相互垂直的、同周期的简谐振动的合成。设两个简谐振动分别在 x 轴和 y 轴上进行,位移方程分别为

$$\begin{cases} x = A_1\cos(\omega t + \varphi_1) \\ y = A_2\cos(\omega t + \varphi_2) \end{cases} \tag{3.10}$$

式中,ω 为两个振动的圆频率;A_1、A_2 和 φ_1、φ_2 分别为两振动的振幅和初周相。在任何时刻 t,质点的位移为 (x,y),t 改变时 (x,y) 也改变。所以上列两方程,就是由参量 t 表示的质点运动轨道的参数方程。如果把参量 t 消去,就得到轨道的直角坐标方程

$$\frac{x^2}{A_1^2} + \frac{y^2}{A_2^2} - 2\frac{xy}{A_1 A_2}\cos(\varphi_2 - \varphi_1) = \sin^2(\varphi_2 - \varphi_1) \tag{3.11}$$

一般来说,式(3.11)是一椭圆的方程。因为质点的位移 x 和 y 在有限范围内变动,所以椭圆轨道不会超出以 $2A_1$ 和 $2A_2$ 为边的矩形范围。按两个振动在不同时刻的对应点,如图 3.21 中两轴上的 0、0、1、1、…,可以做出和振动的轨道,两个相互垂直同周期简谐振动的合成如图 3.21 所示。当振幅 A_1、A_2 给定时,椭圆的性质(即长短轴的大小和方位)由周相差 $\varphi_2 - \varphi_1$ 来决定。下面分析几种特殊情形。

(1)简谐振动的周相差为零或周相相同。在这种情况下,式(3.10)变为

$$\frac{x}{A_1} = \frac{y}{A_2} \tag{3.12}$$

因此,质点的轨道是一直线。该直线通过坐标原点,斜率为这两个振动

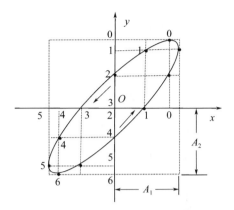

图 3.21　两个相互垂直同周期简谐振动的合成

的振幅之比 $\dfrac{A_2}{A_1}$ ［图 3.22(a)］。在任一时刻 t，质点离开平衡位置的位移为

$$s = \sqrt{x^2 + y^2} = \sqrt{A_1^2 + A_2^2}\cos(\omega t + \varphi) \tag{3.13}$$

所以和振动也是简谐振动，周期等于原来的周期，振幅等于 $\sqrt{A_1^2 + A_2^2}$。

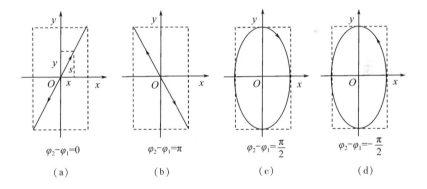

图 3.22　两个相互垂直、周期相同的简谐振动的合成

如果两个振动的周相差为 $\varphi_2 - \varphi_1 = \pi$，即周期相反，则质点在另一条直线 $\dfrac{y}{x} = -\dfrac{A_2}{A_1}$ 上做同周期同振幅振动，也等于 $\sqrt{A_1^2 + A_2^2}$ 的简谐振动（图3.22(b)）]。

（2）$\varphi_2 - \varphi_1 = \dfrac{\pi}{2}$，这时式（3.10）变为

$$\frac{x^2}{A_1^2} + \frac{y^2}{A_2^2} = 1 \tag{3.14}$$

即质点的运动轨道是以坐标轴为主轴的椭圆[图3.22(c)]。椭圆上的箭头表示质点的运动方向。

如果 $\varphi_2 - \varphi_1 = -\dfrac{\pi}{2}$，这时质点的运动轨道仍为上例中的椭圆，但质点的运动方向与上例相反[图3.22(d)]。

当周相差 $\varphi_2 - \varphi_1 = \pm\dfrac{\pi}{2}$ 的两个简谐振动有相等的振幅（$A_1 = A_2$）时，则椭圆将变为圆[图3.23(a)、图3.23(b)]。

总之，两个相互垂直的同周期简谐振动合成时，和振动的轨道是椭圆，椭圆的性质视两个振动的周相差 $\varphi_2 - \varphi_1$ 而定。以上讨论也说明任何一个直线简谐振动、椭圆运动或匀速圆周运动都可以分解成为两个相互垂直的简谐振动。

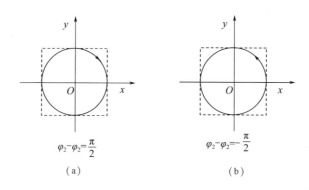

图3.23　两个等振幅、周相差为 $\pm\dfrac{\pi}{2}$ 的相互垂直的简谐振动的合成

这里讨论两个相互垂直但具有不同周期的简谐振动的合成。如果两个振动的周期有很小的差异，周相差就不是定值，合成振动的轨道将不断地按照如图3.24所示的顺序在上述矩形范围内由直线逐渐变成椭圆，又由椭圆逐渐变成直线，并重复进行。

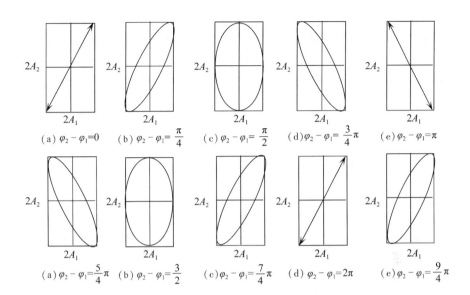

(a) $\varphi_2 - \varphi_1 = 0$　(b) $\varphi_2 - \varphi_1 = \dfrac{\pi}{4}$　(c) $\varphi_2 - \varphi_1 = \dfrac{\pi}{2}$　(d) $\varphi_2 - \varphi_1 = \dfrac{3}{4}\pi$　(e) $\varphi_2 - \varphi_1 = \pi$

(a) $\varphi_2 - \varphi_1 = \dfrac{5}{4}\pi$　(b) $\varphi_2 - \varphi_1 = \dfrac{3}{2}$　(c) $\varphi_2 - \varphi_1 = \dfrac{7}{4}\pi$　(d) $\varphi_2 - \varphi_1 = 2\pi$　(e) $\varphi_2 - \varphi_1 = \dfrac{9}{4}\pi$

图 3.24　两个相互垂直的振幅不同、周期相同的简谐振动的合成

　　这两节所讨论的振动合成还仅是一些特殊的情况。一般情况下,也不难证明:空间的振动总可以认为是三个相互垂直的振动的合成;复杂的直线振动总可以认为是沿同一直线的许多不同频率的简谐振动的合成。简谐振动的规律是研究复杂振动规律的基础。

　　倍频法是由交流调制法派生出来的。在光路中放置一个磁光调制器(在螺线管中置入磁旋光介质即可构成)通以交变调制电流 $i = i_0 \sin \omega t$,调制线圈产生交变磁场 $\boldsymbol{B} = \boldsymbol{B}_0 \sin \omega t$,从而使穿过调制介质的光束振动方向发生小幅度的周期摆动,其摆角为

$$\beta = VL\boldsymbol{B}_0 \sin \omega t = \beta_0 \sin \omega t \qquad (3.15)$$

式中,$\beta_0 = VLB_0$。

　　上述表明检偏器在消光位置时,调制信号的基频消失,出现倍频信号,由此可用出现倍频信号来确定消光位置,因此称为倍频法。在消光位置处,输出信号成为调制信号的二倍频信号,将调制信号与倍频信号输入双踪示波器,将二者波形进行合成以确定是否达到倍频。偏光检测精度较高,可达 $0.005°$。而偏光测试实验中常用的消光法,其测量精度仅为 $1°$,因此,基于

倍频法的该测试系统能有效地对微小角旋转进行测试。由于光源及光路中元件的不稳定一般只影响信号的幅值而不影响频率,因而倍频法具有较强的抗干扰性。

本实验是在上一实验的基础上设计和进行的,因此实验方法和步骤与上一实验有很多相似之处,另外加入了倍频法偏光检测的相关仪器,数据采集和处理的方法和程序也有所改变。前面的光路可行性分析在此处也是适应的,只是在数据采集和处理方法上与上一实验有所不同。

3.2.2 实验装置

倍频法磁场成像实验与上一成像实验思路相同,只是偏光检测改用倍频法,所以光路图与上一方法中的大体相同,只是在前面光路的基础上加上了磁光调制器。另外在数据接收和处理部分加入了模拟示波器,用以确定倍频点。

本实验中,除光源、起偏器、磁旋光介质、永磁体、图像接收器(CCD)与上一实验所用仪器相同外,还用到了以下仪器装置。

(1)检偏器、步进电机及其外围设备。为了减少手动调节检偏器所带来的扰动和误差,本实验中所用的检偏器配备了步进电机。步进电机又配备有带细分的驱动器和控制器。

(2)磁光调制器。为了获得规律振荡的电信号和与之同步振荡的光矢量,本实验在螺线管内管腔内装入磁旋光介质,并配上相应的电源等,制成磁光调制器。

(3)计算机。与上一实验不同,本实验用配有图像采集卡和 CCD 驱动程序的计算机来控制 CCD 进行图像采集,并用计算机进行数据保存、处理和分析。

3.2.3 实验分析

本实验与上一实验的不同之处主要在于偏光检测的方法,因而相应的数据采集和处理方法就不尽相同。本实验中,数据采集方法将原来的间断采集变为连续采集。图 3.25 和图 3.26 中的虚拟示波器是一个计算机的应用软件,可以在计算机上模拟实现示波器的功能,因此图中所示由磁光调制器和 CCD 传输到虚拟示波器的信号其实还是由计算机接收的。

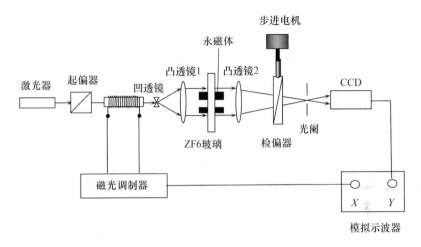

图 3.25　透射型成像实验装置图

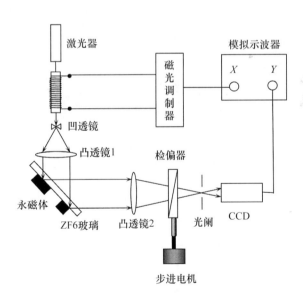

图 3.26　反射型成像基本实验装置

磁光调制器上的调制信号加电阻降压后(2 V 左右)接入声卡的线路输入接口,即可作为虚拟示波器的一路输入信号。CCD 上的信号以图像信号的形式直接输入电脑,即实现了两路信号的输入。

要实现信号的合成,两路信号就要同步输入。实验过程中,在检偏器的某一偏转角下,计算机同时接收一个较小时间间隔内的图像信号和音频线路输入,储存后先把这一段图像信息按像素分解;再以每一像素点的图像信号和音频线路输入信号进行合成,找出倍频像素点;之后再在下一检偏器偏转角度下,重复上一步骤,依次类推。这里找倍频点的工作相当于上一实验找最小值的过程,其余工作都与上一实验相同。

1. 程序灰度分辨率所引起的误差比较

与上一实验的比较,因为没有现成简便方法可供获取磁场分布图像以便作为对比两种方法效果的参照,因此通过二者所引入误差的不同来进行比较。

在不考虑光源不稳定性和 CCD 引起误差的前提下,因为编制的程序所能分析的图片是 8 位灰度图片,能够区分的总灰度级别是 256 级。如果定义总灰度为 1 灰度单位,则计算机区别灰度的极限是总灰度范围的 1/256,即 1/256 灰度单位。在只考虑程序灰度分辨率的前提下,消光法引入的灰度误差[当待考查点的灰度落入两个相邻的整 $1/(256 \times 2)$ 灰度单位之间时]是 $1/(256 \times 2)$ 灰度单位。

在倍频法中,计算机区别灰度的极限使得虚拟示波器在进行振动合成时也会产生误差。两路信号以正弦波的形式振荡,而这样的正弦信号的振幅远远大于程序灰度分辨率。所以在倍频法中,程序灰度分辨率所引入的误差只会使正弦波出现一些小的畸变,当两路信号都存在这种畸变时,所合成的李萨如图形也会出现相应的畸变,但因为这些畸变很微弱(与正弦信号相比),而且这样的误差随机而频繁地出现,所以结果只会使李萨如图形的曲线轨迹变得更粗,事实上在实验中也多次观察到这一现象。对于李萨如图形的曲线轨迹变粗的情况,如果人工确认倍频并不困难,而如果计算机判断倍频则可以不用合成而直接对比二者的频率。

2. 光源不稳定性引起的误差比较

(1)光源不稳定性带来的扰动的相对性。

光源不稳定性带来的扰动相对于实验中的正弦波振幅较小,而相对于消光法中的程序灰度区别极限则很大。

(2)光源不稳定性的时间特性的影响。

磁光调制器输入的是 50 Hz 交流信号,1 s 的时间间隔即足够完成倍频检测,所以供模拟示波器合成的只是 1 s 左右时间段内的正弦信号,这时光源不稳定性表现不明显(据观察,光源光强变化在激光器通电时间不太长时不太明显,也不会发生突变。光强明显变化通常在激光器长时间工作后发生),而消光法由于测量周期较长,这方面的误差就会更大。

经过比较,可以发现,实验结果基本反映了永磁体磁场的分布。本实验是地磁成像实验项目的一部分,目的在于通过光学方法实现磁场成像,初步探索这一方法的可操作性,为磁场三维层析成像乃至地球磁测探索方法、积累经验,为进一步展开地磁成像研究奠定基础。

本书介绍了地磁成像的原理和方法,以及磁场二维成像的光路及设置;分析了光路的可行性及存在的问题;详细介绍了实验的具体过程,利用采集的图像数据,处理得出较为清晰的磁场强度二维分布图;通过与用于模拟局部磁场的磁体分布的比较,确认场强分布图像基本反映了磁体场强的分布。

本书介绍了消光法偏光检测基础上的二维磁场成像的方法和过程,重点介绍了其中的数据处理方法。在得出处理结果的基础上,为使实验结果更为直观,便于利用和对比,又提出并制作了针对实验结果的比对卡。其后,借鉴偏光检测微小旋转角测量中的倍频法,把倍频法和前面的成像方法结合起来,设计了新的实验方案。对该方法进行了较为透彻的介绍和分析,定性地比较了两种方法可能引起的误差,确认倍频法具有更高的测量精度。

在之后二维成像研究中,除了采用倍频法进行偏光检测外,为了使所测得的磁场强度不再是一个较大厚度内的分布,将采用磁光薄膜作为实验的旋光介质;对现在存在的二维成像处理结果灰度图中不区别正负转角的问题,将尝试使用彩色图片来弥补这一不足;目前所得到的场强都是顺着光线方向的,以后也将努力实现矢量和三维磁场成像。

参 考 文 献

[1] FOSCHINI G J, POOLE C D. Statistical theory of polarization dispersion in single mode fibers [J]. Journal of Lightwave Technology, 1991, 9: 1439 – 1447.

[2] KIKUCHI N. Analysis of signal degree of polarization degradation used as control signal for optical polarization mode dispersion compensation [J]. Journal of Lightwave Technology, 2001, 19(4): 480 – 486.

[3] 王斌. 高速光纤通信系统中偏振模色散的补偿及实验[D]. 浙江: 浙江大学硕士学位论文, 2006: 44 – 54.

[4] 胡辽林, 刘增基. 光纤通信的发展现状和若干关键技术[J]. 电子科技, 2004, 2: 3 – 10.

[5] 王磊, 裴丽. 光纤通信的发展现状和未来[J]. 中国科技信息, 2006, 4: 59 – 60.

[6] 王秉钧, 王少勇. 光纤通信系统[M]. 北京: 电子工业出版社, 2004: 5 – 6.

[7] 胡庆, 王敏琦, 袁绥华, 等. 偏振光在保密通信中的应用研究[J]. 半导体光电, 2001, 22(6): 397 – 400.

[8] 廖延彪. 偏振光学[M]. 北京: 科学技术出版社, 2005: 157 – 230.

[9] 马昌贵. 磁光器件及其在光通信中的应用[J]. 磁性材料及器件, 2001, 6: 35 – 39.

[10] 廖延彪. 偏振光学[M]. 北京: 科学技术出版社, 2005: 335 – 343.

[11] 刘兆伦, 刘晓东, 倪正华, 等. 光子晶体光纤的新进展及其应用[J]. 光纤与电缆及其应用技术, 2004, 6: 1 – 26.

[12] 美联社. 科学家克服光纤传输障碍[N]. 参考消息, 2007-2-12(7).

[13] 卜胜利, 杨瀛海, 马静. 磁光玻璃光纤的偏振特性及其在全光纤电流传感器中的应用[J]. 应用光学, 2003, 24(5): 32 – 35.

[14] 杨中民, 徐时清, 姜中宏, 等. 全光纤传感器用磁光玻璃的研究进展

[J].中国稀土学报,2003, 21(2): 116 – 122.

[15] LIM H J, DEMATTEI R C, FEIGELSON R S. Growth of single crystal YIG fibers by the laser heated pedestal growth method [J]. Materials Research Society Sympo – sium Proceedings, 1998, 481: 83 – 88.

[16] LIM H J, ROBERT C D, ROBERT S F, et al. Striations in YIG fibers grown by the laser – heated pedestal method [J]. Journal of Crystal Growth, 2000, 212: 191 – 203.

[17] 刘公强,乐志强,沈德芳. 磁光学[M].上海:上海科学技术出版社, 2001: 195 – 204.

[18] 徐时清,杨中民,戴世勋,等.Tb3 + 掺杂 Faraday 磁光玻璃的研究进展 [J].硅酸盐学报, 2003,31(4): 376 – 381.

[19] 杨中民,徐时清,戴世勋,等. 光纤传感器用磁光玻璃的研究进展[J]. 功能材料与器件学报,2003, 9(2): 227 – 232.

[20] DAI S X, HU L L, JIANG Z H, et al. Spectroscopic characteristics of ytterbium borate laser glasses[J]. Guangxue Xuebao/Acta Optica Sinica, 2000, 20(7): 995 – 999.

[21] 赵渭忠,张守业,黄敏.用于光纤电流传感器的掺 Bi 稀土铁石榴石单晶生长与磁光性能[J].光学学报,2000, 20(12): 1694 – 1698.

[22] 赵渭忠,张守业,张在宣,等. 高灵敏度温度稳定 BiGd:YIG 磁光光纤电流传感器性能及其晶体生长研究[J].光电子·激光,1999, 10(6): 487 – 491.

[23] 赵渭忠,张守业,黄敏. 用于光纤电流传感器的 BiGd:YIG 和 Gd:YIG 磁光单晶的生长及性能研究[J].材料科学与工程,1999, 17(2): 33 – 36.

[24] COTTRELL W J, FERENCE T G, PUZEY K T. Improved magneto – optic modulator for ultrafast current pulses[J]. IEEE Photonics Technology Letters, 2002, 14(5): 624 – 626.

[25] 翁梓华. 基于磁光光纤和高速磁场的全光纤磁光开关研究[D].浙江: 浙江大学博士学位论文, 2005:19 – 21.

［26］钱小陵,常悦. 磁光调制技术在光偏振微小旋转角精密测量中的应用［J］. 首都师范大学学报,2001, 22(1)：46 - 49.

［27］张建华,刘立国,朱鹤年,等. 应用磁光调制器的高分辨率偏振消光测量系统［J］. 光电子·激光,2001, 12(10)：1041 - 1042.

［28］郑宏志,马彩文,吴易明,等. 无机械连接方位角测量系统中磁光调制的温度适应性研究［J］. 光子学报,2004, 33(5)：638 - 640.

第4章　介质法拉第效应的特性实验研究

4.1　介质法拉第效应的特性测试实验系统

　　介质法拉第效应的特性测试实验系统主要用来对磁光微小旋转角的精密测量,该测试系统采用了高精度偏振光检测方法——倍频法。

　　传统的偏振光测试中所用的消光法及半荫法的测量精度往往不能测量微小角的旋转,因为它们的测量精度是有限的。本章实验中所用倍频法,是在光路中放置一磁光调制器,加上正弦变化的交流信号,用光电探测器检测输出光强信号的变化,可以精确测定出消光位置。在消光位置处,输出信号成为调制信号的二倍频信号,将调制信号与倍频信号输入双踪示波器,观察二者合成的李萨如图形从而确定是否达到倍频,以实现较高精度的测量,其测量精度可达 $0.005°$,而偏光测试实验中常用的消光法,其测量精度仅为 $1°$。因此,基于倍频法的该测试系统能有效地对微小角旋转进行测试。

　　倍频法的实验测试装置图如图 4.1 所示,图中各装置介绍如下。

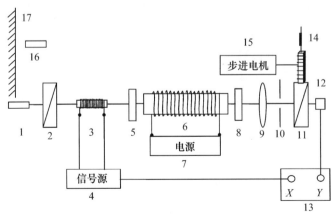

图 4.1　倍频法的实验测试装置图

1—半导体激光器:实验用到光波长为 650 nm 的红光、光波长为 635 nm 的红光及光波长为 532 nm 的绿光;

2—起偏器:使入射光变为线偏振光;

3—磁光调制线圈:螺线管用直径为 0.5 mm 的细铜线绕成,长为 8 cm,内径为 1 cm,磁感应强度最大为 300 mT。通过控制电流强度的大小就可以改变其磁感应强度的大小;

4—调制信号器:由 220 V 变压器和量程为 2 A 的表头组成,配合小螺线管使用,从而控制它的磁感应强度;

5、8—反射镜:组成一对平面反射镜,固定在两调节架上,调节两镜的相对位置,使光线在螺线管内来回反射,增加光在其间的几何路程;

6—螺线管:提供均匀稳定磁场,长为 32 cm,磁感应强度最大为 400 mT;

7—螺线管电源:控制大螺线管的磁感应强度;

9—会聚透镜:焦距为 $f = 150$ mm,可使光强集中;

10—光阑:小孔光阑,可限制入射光孔径大小,还可挡外界杂光;

11—检偏器:将偏振片固定在微调转盘上,使偏振片转动更精密。检测出射光相对入射光的偏转角度;

12—探测器:光敏电阻探测头,在测量范围内用 22 MΩ,其工作机理是光强变化 – 电阻变化 – 电流变化;

13—示波器:Tektronix TDS620B 型,500 MHz 的数字示波器,观察光信号的变化;

14—旋转镜:平面反射镜,可与微调柄连在一起,同步转动;

15—步进电机:四相,驱动电压为 12 V,电机轴转为 15° 的步进电机。用它来控制微调柄的旋转,用控制电路将电机进一步细分为每步 2′;

16—测量光源:半导体激光器,它可提供单一波长的光,性能稳定,体积小,便于调节和控制;

17—刻度尺:自制的固定标尺,可对反射光点的位置进行测量。

4.1.1　介质法拉第效应的特性测试实验系统搭建的几个方面

由于空气的磁光旋转角相对于固体和液体是非常小的,因此系统所采用的方法、器件及仪器的精度都会影响实验结果。鉴于本实验系统一些测量要求和测量仪器的特点,从以下几个方面对其进行设计。

1. 测量方法的精度问题

传统的偏振光检测方法主要有消光法、半荫法、磁光交流调制法。

(1)消光法。

根据透射光强随检偏器转动的变化来确定透射光强最小的位置即消光位置。由于消光位置附近光强变化率较小,确定消光位置较困难,用人眼观察来确定,精度较差,此法准确度仅1°量级。若用光探测器辅以适当检测电路,则精度可得到一定的提高,但还是不能达到很高精度。

(2)半荫法。

半荫法原理是指人眼对视场明暗值的绝对判断灵敏度很低,但对同一视场中存在的明暗差别却灵敏度甚高。半荫法示意图如图4.2所示。

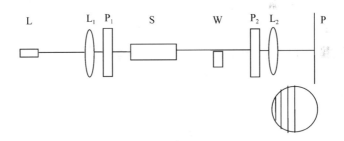

图 4.2　半荫法示意图

L—光源;L_1—准直物镜;P_1—起偏器;S—旋光介质;W—半波片;P_2—检偏器;L_2—目镜;P—接收屏

此时通过 W 的一半,其光矢量的振动方向将旋转一个小角度,其值为 W 和 P_1 夹角 θ 的两倍,因此通过半波片 W 后的视场是由光矢量振动方向夹角为 2θ 的两束光构成,只有当检偏器 P_2 的透过方向处于 2θ 的等分线方向,两半视场才能明暗一致,从而确定消光位置,这种测量的误差小于 0.1°。

采用半荫法可以提高测量的准确性,但半荫法仅适于人眼观察,依赖于人的主观判断,精度也难以很高,同时也无法实现自动检测。

(3)磁光交流调制法。

磁光交流调制法是一种重要的较高精度的偏振光检测方法。在光路中放置一磁光调制器,加上正弦变化的交流信号,用光电探测器检测输出光强信号的变化,可以自动测定出消光位置。这一方法的测量精度高于消光法。

(4)本实验所用的倍频法。

由于气体的旋光角非常小,上述的检测方法都不能很好地达到测量精度,甚至难以检测出来,因此采用倍频法,它是由磁光交流调制法派生出来的。在消光位置处,输出信号成为调制信号的二倍频信号,通过观察倍频信号的出现,可以较精确地确定出消光位置,实现较高精度的测量,其测量精度高于磁光交流调制法。

本实验采用倍频法将调制信号与输出信号分别作为 X 分量和 Y 分量输入示波器,当达到倍频状态时,观察示波器上的图形是否对称,就可以判断是否达到倍频,从而确定出消光位置。由于基于频率测量,光源及光路中元件的不稳定一般只影响信号的幅值而不影响频率,因此倍频法也具有较强的抗干扰性。

在实验和计算机模拟中给输入及输出信号之间引入 $\pi/3$ 的相位延迟,得到如图4.3所示的正弦波调制的李萨如图形。其中,图(a)为消光位置,类似 ∞ 字形的图形左右对称;图(b)为偏离消光位置 0.05°,曲线已经严重不对称了。

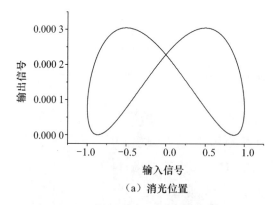

(a) 消光位置

图4.3 正弦波调制的李萨如图形

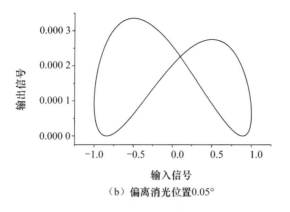

（b）偏离消光位置0.05°

续图 **4.3**

事实上,在模拟中发现倍频法测量精度可达 $0.005°$,明显比在示波器上直接观察单个输出波形的测量精度要高。

2. 测量仪器的精度问题

光路搭建好后,检偏器的转动会使透射光强发生变化,但是像空气这类介质,旋光角比固体或液体小得多,所以要想精确地测量,检偏器刻度本身的精度是不够的,因此,本实验对其进行改进,将其固定在微调转盘上,转盘上的 $0°$ 与固定盘 $30°$ 相对位置调为水平偏振位置,使偏振片转动更精密。改进后的检偏器如图 4.4 所示。

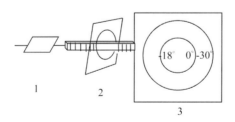

图 4.4　改进后的检偏器

1—平面反射镜;2—固定一起的步进电机与微调柄;3—改进后的检偏器

微调柄上一圈有 50 个刻度,转动 14 圈又 32 格,转盘刚好转动 $8°$,即

$$(14 \times 50 + 32) 格 = 8°$$

$$732\ 格 = 8°$$

因此,旋钮上一格相当于检偏器上 $0.655\ 737\ 704'$。

3. 磁光旋转角放大的问题

(1)在原理方面,根据法拉第效应,$\theta = VBL$ 要想增大旋转角,可以增加 L 的长度,但实验中介质的长度是有限的,因此在光路中设计了光线在两平面镜间反射的方案,如图4.5所示。

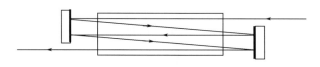

图4.5 光线在两平面镜间反射的方案

由于法拉第旋向与光传播方向无关,即磁光效应具有非互易性,因此利用光的反射来增强磁光效应。具体做法是:在螺线管的两端放置两块平行的反射镜,利用光在平行端的反射作用,使光束多次通过同一介质,以增加光在其间的几何路程,从而增大旋光的旋转角度。

(2)在测量方法方面,由于小角度的测量不易于观测,就将一个平面反射镜与微调柄连在一起,然后将一束激光打到镜面上进行反射,微调柄旋转就会带动平面反射镜的旋转,平面反射镜的旋转就会使反射光线发生位移。

镜面转角与光线转角关系示意图如图4.6所示,当镜面转动 α 角度时,入射光线转过的角度为 2α,镜面与微调柄同步旋转,这就相当于对微小角进行了放大。

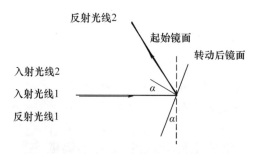

图4.6 镜面转角与光线转角关系示意图

4. 系统稳定性对实验的影响

光路中,光线通过多个镜面,微小的震动也能引起示波器上的图形不稳定,因此为了减少人手操作引起的震动误差,将步进电机与微调柄固定在一起,用步进电机带动微调柄旋转。

为了进一步减少由于操作带来的震动对实验系统的影响,将所有的控制源部分以及示波器都移到与整个光路系统不同的实验台上。实验过程也尽可能避免其他东西的干扰。

与微调柄连在一起的反射镜离探测的位置比较近,因此,反射光所带来的杂光会给实验结果带来影响,使示波器上的倍频信号不准确。因此,用硬纸板将这束反射光与原光路中打到探测器上的光分离开。

4.1.2　实验操作步骤

本实验按以下操作步骤进行。

(1)准直光路。将所有的元件都固定在可调支架上,用固体激光器标定光路,光波垂直入射到起偏器、检偏器,并从螺线管的中心穿过,最后在检偏器前加个透镜和光阑,保证探测器完全接收到光,且光斑均匀、强度高,这样调整可使光路基本准直。

(2)调节螺线管两端两平面镜的相对位置,达到多次反射。先将两镜面相互平行放置,调节前端镜的微调旋钮,使第一束光线顺着前端镜的边上通过螺线管,然后打到后端镜的镜射面上进行反射,调节后端镜的微调旋钮,使光线返回前端镜,这样依次调节,使光在螺线管中反复通过。通过数镜面上的光点数就可以计算出光线反射了多少次。

(3)调节微调柄上平面反射镜的位置。使平面反射镜的中心线与微调柄的转轴一致,让测量光源的光线无阻碍地打到镜面上,通过镜面反射后光点打到刻度尺上。

(4)将电流调制器的信号作为输入信号,探测器接收到的信号作为输出信号,分别与示波器的 X 轴和 Y 轴相连。达到倍频状态时,调节图形的交叉点,借助示波器的网格,将其置于水平方向的正中位置。

（5）测量。

① 将外界所有光源关掉,打开半导体激光器以及电流调制器,开启示波器,先用粗调确定出大体的消光位置,然后打开步进电机进行自动控制,仔细观察示波器上的倍频信号,确定出此时的消光位置,并确定出此时反射光点在刻度尺上的起始位置。

② 打开大螺线管的控制源,相当于给空气介质加了磁场,这时在示波器上重新观察倍频信号,对称中心已经偏离了正中位置,因此,继续用步进电机进行自动控制,使倍频信号重新回到正中位置,再次确定出反射光点在刻度尺上的末位置。

（6）根据实验数据算出结果,分析实验结果及实验误差,并给出理论解释。实验中要求磁感应强度的数据准确而全面,因此,测量了不同电流强度下所对应的轴向磁感应强度和不同垂直截面中的径向磁感应强度的大小,并总结了螺线管中磁感应强度的分布规律。根据其分布规律,采用了求平均值的方法,计算出螺线管中距中心不同距离范围内的磁感应强度的大小,以便后面计算费尔德常数时使用。

螺线管总长为 32 cm,定义轴线上中点为参考点,L 为轴线上相对该参考点的距离。通过测量可知,距螺线管轴线中点处 10 cm 范围内磁场变化很小,向两侧变化较大,图 4.7 所示为螺线管中轴线上磁感应强度分布曲线。

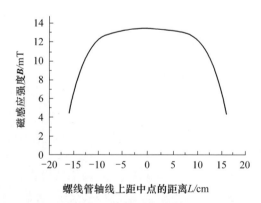

图 4.7　螺线管中轴线上磁感应强度分布曲线

螺线管中心不同长度范围内的磁感应强度与所加电流大小的关系见表 4.1。

表 4.1 螺线管中心不同长度范围内的磁感应强度与所加电流大小的关系

L/cm	I/A					
	0.5	1.0	1.5	2.0	2.5	3.0
10	6.62	13.25	19.87	26.76	33.11	39.74
30	5.93	11.85	17.78	23.88	29.64	35.56
32	5.70	11.40	17.11	22.93	28.52	34.23

测量螺线管中磁感应强度的分布情况表明：

在螺线管中轴线的同一位置处,磁感应强度与电流强度大小成正比例关系;同一电流强度下,在螺线管轴线中点处的磁感应强度最大,沿轴线向外逐渐变小,在螺线管边缘处最小。

此外,还测量了在螺线管中,磁感应强度沿径向的分布情况,实验表明：

在同一电流强度下,在螺线管内同一横截面上,沿径向位置的变化磁感应强度的大小基本不变;同一截面上,磁感应强度的大小与加在螺线管上的电流强度的大小成正比例关系;在同一电流强度下,不同截面中的磁感应强度分布不同;在螺线管内,所有垂直于轴线的截面中,过轴线中点处的截面上磁感应强度最大,沿轴线向外的截面上磁感应强度逐渐降低;在螺线管外,随径向位置的变化磁感应强度的大小变化较大,与管内的分布不相同。

数据的计算方法：

光点转角的示意图如图 4.8 所示,以反射镜的中心轴线做刻度尺的垂线,与刻度尺的交点为坐标零点,距离设为 L,第一次达到倍频状态时,反射光点在刻度尺上的坐标为

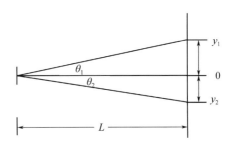

图 4.8 光点转角的示意图

y_1,转过的角度为 θ_1,给介质加磁场后达到倍频状态时,反射光点在刻度尺上的坐标为 y_2,转过的角度为 θ_2。

设电流调制器的电流为 I_0,大螺线管所加电流为 I,两反射镜反射的次数为 N 次。

空气介质在磁场中通过的几何路程为

$$L_0 = 32 \times N$$

因此可得,未加磁场时

$$\theta_1 = \arctan \frac{y_1}{L}$$

加上磁场时

$$\theta_2 = \arctan \frac{y_2}{L}$$

反射镜与微调柄同步旋转,它们的转角为

$$\Delta\theta = \frac{\theta_2 - \theta_1}{2}$$

由于微调柄旋钮一圈为 50 格,因此每格为

$$\frac{360°}{50} = 7.2 \quad [(°)/格]$$

所以,$\Delta\theta$ 就相当于 $x = \dfrac{\Delta\theta}{7.2}$ 格。

由前面计算可得,旋钮上一格相当于检偏器上 0.655 73′,则检偏器转角为 $x \times 0.655\ 73'$。

已知 32 cm 范围内螺线管内径的磁感应强度为 342.3 Gs(电流为 3.0 A,1 T = 10^4 Gs),而磁感应强度 $B = \dfrac{342.3 \times I}{3.0}$ Gs,由法拉第效应公式得

$$V = \frac{\theta}{B \times L_0} = \frac{\theta}{B \times N \times 32} \quad [(')/(Gs \cdot cm)]$$

4.2 不同介质法拉第效应的特性实验研究

在法拉第效应中,一般物质的费尔德常数 V 都很小,表征着物质的磁光特性,即该物质在磁场中偏振面旋转的本领。不过由于固体和液体的法拉

第效应较为容易观察,所以一般文献中都只对这两种形态的费尔德常数进行详细测量介绍,数据不全面,且很少有气体的介绍。但几乎所有的物质都是存在法拉第效应的。

本实验任务就是系统而全面地对各种旋光物质(包括固体、液体和气体)的费尔德常数进行测量,总结其随各种外界条件的变化而呈现出的一系列变化规律。针对气体的法拉第效应很小的特点,书中设计了专门的实验装置进行观测。而对磁光效应相对易于观测的固体和液体就采用常规的消光法,主要用来与气体做比较。

4.2.1 液体的法拉第效应实验研究

消光法的实验装置,法拉第效应的基本工作原理如图 4.9 所示。

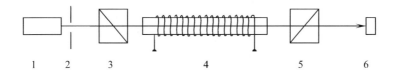

图 4.9 法拉第效应的基本工作原理

1—单色光源;2—光阑;3—起偏器;4—被测样品置于螺线管中;5—检偏器;6—探测器

上图装置的基本工作原理如下。

激光器提供单色光源,并起准直作用。激光器通过宽带分光棱镜分成两束偏振面垂直的光,取其中一束竖直偏振光作为探测光,该线偏振光进入螺线管中心小孔,以近似正入射照到样品上,由于法拉第效应,透射后的线偏振光再由偏振片检测,最后由照度计接受光强。

实验以水作为磁致旋光介质,温度为室温 20 ℃,入射光波长为650 nm。调节电流强度的大小改变磁场的大小,测量磁感应强度与旋转角度的曲线,可求得其斜率值 $\dfrac{\theta}{B}$,水的费尔德常数为 $V = \dfrac{\theta}{B} \times \dfrac{1}{L}$。图 4.10 所示为纯水的磁感应强度与旋转角度的曲线,其中,图(a)中,$\dfrac{\theta}{B} = 0.052\,33$,$L = 30$ cm,可得 $V_1 = 0.009\,806$ (′)/(Gs · cm);图(b)中,$\dfrac{\theta}{B} = 0.018\,21$,$L = 10$ cm,可得

$V_2 = 0.010\ 926\ (')/(\text{Gs}\cdot\text{cm})$；图（c）中，$\dfrac{\theta}{B} = 0.230\ 96$，$L = 160\ \text{cm}$，可得

$V_3 = 0.008\ 661\ (')/(\text{Gs}\cdot\text{cm})$；图（d）中，$\dfrac{\theta}{B} = 0.160\ 93$，$L = 96\ \text{cm}$，可得

$V_4 = 0.010\ 058\ (')/(\text{Gs}\cdot\text{cm})$。把上述费尔德常数取平均值，在室温下，可得 $V_{水} = 0.009\ 146\ 12\ (')/(\text{Gs}\cdot\text{cm})$。

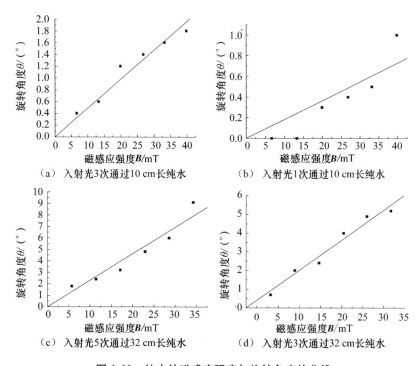

图 4.10　纯水的磁感应强度与旋转角度的曲线

4.2.2　固体的法拉第效应实验研究

实验以轻火石玻璃（QF12）、重火石玻璃（ZF3）、K9 玻璃三种光学玻璃作为磁致旋光介质，入射光波长为 650 nm，温度为室温 20 ℃，光线在玻璃中的总路程 L 均为 30 cm，即线偏振光 3 次通过 10 cm 长的介质。拟合曲线，求得其斜率值 $\dfrac{\theta}{B}$，处理方法同上，图 4.11 所示为玻璃的磁感应强度与旋转角度的曲线，其中，图（a）中，$\dfrac{\theta}{B} = 0.085\ 29$，可得 $V_{\text{QF12}} = 0.017\ 058\ (')/(\text{Gs}\cdot\text{cm})$；

图(b)中,$\dfrac{\theta}{B}=0.192\,48$,可得 $V_{ZF3}=0.038\,496\,(')/(\text{Gs}\cdot\text{cm})$;图(c)中,$\dfrac{\theta}{B}=0.049\,69$,可得 $V_{K9}=0.009\,938\,(')/(\text{Gs}\cdot\text{cm})$。

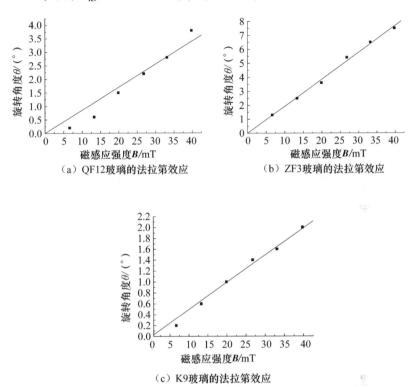

（a）QF12玻璃的法拉第效应　　（b）ZF3玻璃的法拉第效应

（c）K9玻璃的法拉第效应

图 4.11　玻璃的磁感应强度与旋转角度的曲线

4.2.3　气体的法拉第效应实验研究

　　测量气体的装置和数据处理方法前面都详细介绍过,本实验以空气作为磁致旋光介质,这里为了与固体和液体形成比较,先取入射光波长为 650 nm,温度为室温 20 ℃,调制电流为 0.75 A,偏转螺线管电流为 3.60 A,反射次数为 15 次。

　　未加磁场时,光点始位为 -34.5 cm,加上磁场时,末位为 109.4 cm,则

$$\theta_1=\arctan\dfrac{-34.5}{314}=-6.270\,086\,824°$$

$$\theta_2 = \arctan \frac{109.4}{314} = 19.208\ 727\ 22°$$

旋钮转角为

$$\Delta\theta = \frac{\theta_2 - \theta_1}{2} = 12.739\ 407\ 02°$$

旋钮一圈 50 格,每格为

$$\frac{360°}{50} = 7.2\quad [(°)/格]$$

所以,$\Delta\theta$ 相当于$\frac{12.739\ 407\ 02}{7.2} = 1.769\ 362\ 086$ 格,旋钮上一格相当于检偏

器上 0.655 737 704′,则检偏器转角为

$$\theta = \Delta\theta \times 0.655\ 73'$$
$$= 1.769\ 362\ 086\ 格 \times 0.655\ 737\ 704(')/格$$
$$= 1.160\ 223\ 801'$$

磁感应强度为

$$\boldsymbol{B} = \frac{342.3 \times I}{3.0}$$

$$= 342.3 \times \frac{3.60}{3.0} = 410.76\ (\text{Gs})$$

费尔德常数为

$$V = \frac{\theta}{B \times L} = \frac{\theta}{B \times N \times 32}\quad [(')/(\text{Gs}\cdot\text{cm})]$$

$$V_{空气} = \frac{1.160\ 223\ 801}{410.76 \times 15 \times 32} = 5.884 \times 10^{-6}\quad [(')/(\text{Gs}\cdot\text{cm})]$$

综上,在相同的外界条件下,三种状态介质的费尔德常数由大到小依
次是:

固体

$$V_{\text{ZF3}} = 0.038496(')/(\text{Gs}\cdot\text{cm})$$

$$V_{\text{QF12}} = 0.017\ 058\ (')/(\text{Gs}\cdot\text{cm})$$

$$V_{\text{K9}} = 0.009\ 938\ (')/(\text{Gs}\cdot\text{cm})$$

液体

$$V_\text{水} = 0.009\ 146\ 12\ (')/(\text{Gs}\cdot\text{cm})$$

气体

$$V_\text{空气} = 5.884\times10^{-6}(')/(\text{Gs}\cdot\text{cm})$$

由此可以看出,气体的费尔德常数甚为微小,与固体和液体的费尔德常数差了 4 个数量级。由于所看到的文献中很少对气体进行全面测量研究,因此进一步的工作有了研究的价值和意义,而且本书的实验研究也是地磁成像技术体系的一部分前期工作,所以它的一个直接目的就是为地磁成像技术研究提供一些可靠的实验数据。

4.3　波长对介质法拉第效应的影响

4.3.1　波长对介质法拉第效应影响的实验测试

（1）本实验分别取波长为 650 nm、635 nm、532 nm 的半导体激光器作为光源,温度为室温 20℃,调制电流为 0.75 A,光线来回反射 15 次。数据的计算方法同上,可得到不同波段的空气介质的费尔德常数。同温度、不同波长下气体的法拉第效应见表 4.2。

表 4.2　同温度、不同波长下气体的法拉第效应

波长 /nm	螺线管 电流/A	磁感应强度 /Gs $B=\dfrac{342.3\times I}{3.0}$	反射次数 N	检偏器转角 $\theta/(')$	$V=\dfrac{\theta}{B\times L}$ /$[(')\cdot\text{Gs}^{-1}\cdot\text{cm}^{-1}]$	温度 /℃
650	3.60	410.760	15	1.160 117 683	5.884 $\times10^{-6}$	20
635	3.60	410.760	15	1.226 742 765	6.221 $\times10^{-6}$	20
532	3.82	435.862	15	1.349 269 148	6.448 $\times10^{-6}$	20

（2）本实验以水和无水乙醇为磁致旋光介质,采用 OPO 光参量振荡器

作为光源,提供不同波长的入射光,观察旋转角度与入射光波长的关系。纯水的温度为 20 ℃,通过路程长度为 32 cm,其旋转角度随磁感应强度的变化曲线如下,图 4.12 所示为纯水中不同入射光下的法拉第效应。

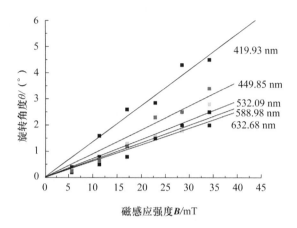

图 4.12   纯水中不同入射光下的法拉第效应

纯水中不同波长的光所对应的费尔德常数见表 4.3。

表 4.3   纯水中不同波长的光所对应的费尔德常数

λ/nm	419.93	449.85	532.09	588.98	632.68
$V/[(') \cdot \text{Gs}^{-1} \cdot \text{cm}^{-1}]$	0.025 676 25	0.017 055 0	0.013 642 5	0.012 487 5	0.011 765 625

不同波长的线偏振光通过同一无水乙醇,温度为 20 ℃,通过路程长度为 32 cm,其费尔德常数的测量结果如下,图 4.13 所示为无水乙醇中不同入射光下的法拉第效应。

无水乙醇中不同波长的光所对应的费尔德常数见表 4.4。

表 4.4   无水乙醇中不同波长的光所对应的费尔德常数

λ/nm	419.93	449.85	472.91	500.12	532.09	588.98
$V/[(') \cdot \text{Gs}^{-1} \cdot \text{cm}^{-1}]$	0.024 36	0.019 234	0.016 71	0.015 917	0.011 514	0.010 031

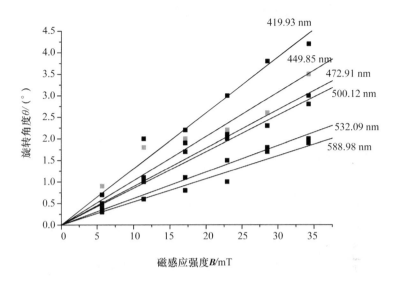

图 4.13　无水乙醇中不同入射光下的法拉第效应

（3）本实验以 ZF3 玻璃为磁致旋光介质,观察温度 20 ℃时费尔德常数与入射光波长的关系,让入射光经平面镜反射后 3 次通过长为 10 cm 的 ZF3 玻璃,此时,其旋转角度随磁感应强度的变化曲线如下,图 4.14 所示为 ZF3 玻璃中不同光波长的法拉第效应。

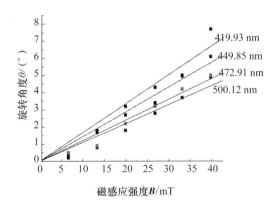

图 4.14　ZF3 玻璃中不同光波长的法拉第效应

ZF3 玻璃中不同波长的光所对应的费尔德常数见表4.5。

表 4.5　ZF3 玻璃中不同波长的光所对应的费尔德常数

λ/nm	419.93	449.85	472.91	500.12
$V/[(')\cdot\mathrm{Gs}^{-1}\cdot\mathrm{cm}^{-1}]$	0.033 636	0.028 846	0.024 082	0.022 026

通过对以上3种状态介质的磁光效应的研究,可得费尔德常数与入射光的波长有关,随着波长的减小,费尔德常数不断增大,即波长与费尔德常数 V 成反比。

4.3.2　波长对介质法拉第效应影响的理论解释

由各种磁光效应的经典理论基础可知

$$\begin{cases} \boldsymbol{s}\cdot(\alpha'\boldsymbol{P}+i\varepsilon_0\beta\boldsymbol{P}\times\boldsymbol{h})=0 \\ \boldsymbol{s}\cdot\boldsymbol{H}=0 \\ \dfrac{n}{\mu_0 c}[\boldsymbol{s}\times(\alpha\boldsymbol{P}+i\beta\boldsymbol{P}\times\boldsymbol{h})]=\boldsymbol{H} \\ -\dfrac{n}{c}(\boldsymbol{s}\times\boldsymbol{H})=\alpha'\boldsymbol{P}+i\varepsilon_0\beta\boldsymbol{P}\times\boldsymbol{h} \end{cases} \tag{4.1}$$

对于法拉第效应情形,$\boldsymbol{s}//\boldsymbol{h},\boldsymbol{h}//z$ 轴。

则由式(4.1)中的后两式得

$$\begin{cases} \dfrac{n\alpha}{\mu_0 c}(-P_y\boldsymbol{i}+P_x\boldsymbol{j})+\dfrac{in\beta}{\mu_0 c}(P_x\boldsymbol{i}+P_y\boldsymbol{j})=H_x\boldsymbol{i}+H_y\boldsymbol{j} \\ \dfrac{n}{c}(H_y\boldsymbol{i}-H_x\boldsymbol{j})=\alpha'(P_x\boldsymbol{i}+P_y\boldsymbol{j})+i\varepsilon_0\beta(P_y\boldsymbol{i}-P_x\boldsymbol{j}) \end{cases} \tag{4.2}$$

由式(4.2)两个方程联立解得

$$\begin{cases} AP_x+iBP_y=0 \\ -iBP_x+AP_y=0 \end{cases} \tag{4.3}$$

$$\begin{cases} A = \dfrac{\alpha n^2}{\mu_0 c^2} - \alpha' \\ B = \beta\left(\dfrac{n^2}{\mu_0 c^2} - \varepsilon_0\right) \end{cases} \tag{4.4}$$

式(4.3)的联立方程有非零解的条件是系数行列式等于零,由此得

$$A = \pm B \tag{4.5}$$

当 $A = -B$ 时,

$$\begin{cases} P_y = -iP_x \\ E_y = -iE_x \end{cases} \tag{4.6}$$

这是右旋圆偏振光,相应的折射率为 n_+ 根据式(4.4)和式(4.5)可得

$$n_+^2 - 1 = \frac{\mu_0 Ne^2 c^2/m}{\omega_0^2 - \omega^2 - i\gamma\omega - \dfrac{Ne^2}{3\varepsilon_0 m} + \dfrac{e\mu_0 H_i\omega}{m}} \tag{4.7}$$

当 $A = B$ 时,同理可得

$$\begin{cases} P_y = iP_x \\ E_y = iE_x \end{cases} \tag{4.8}$$

$$n_-^2 - 1 = \frac{\mu_0 Ne^2 c^2/m}{\omega_0^2 - \omega^2 - i\gamma\omega - \dfrac{Ne^2}{3\varepsilon_0 m} - \dfrac{e\mu_0 H_i\omega}{m}} \tag{4.9}$$

式(4.8)为左旋圆偏振光, n_- 为其相应的折射率。

若忽略阻尼项,即 $\gamma = 0$,不难算得

$$\frac{n_+^2 - 1}{n_+^2 + 2} = \frac{\mu_0 Ne^2 c^2/3}{\omega_0^2 - \omega^2 + \dfrac{e\mu_0 H_i\omega}{m}} \tag{4.10}$$

$$\frac{n_-^2 - 1}{n_-^2 + 2} = \frac{\mu_0 Ne^2 c^2/3}{\omega_0^2 - \omega^2 - \dfrac{e\mu_0 H_i\omega}{m}} \tag{4.11}$$

由此可解得各项磁性的介质的法拉第效应。

在抗磁性介质中,有效场 $H_\nu \approx 0$,因此, $H_i \approx H_e$,式(4.10)和式(4.11)

分母中的 $\omega = \dfrac{e\mu_0 H_i}{2m} \approx \dfrac{e\mu_0 H_e}{2m}$ 为电子绕外磁场 H_e 方向做拉莫进动的角频

率 ω_L。若 $\boldsymbol{H}_\mathrm{e} \approx \dfrac{10^6}{4\pi}$ A/m,则 $\omega_\mathrm{L} \approx 10^{10}$ rad/s,介质中光波角频率 $\omega = 10^{15}$ rad/s,

故 $\omega_\mathrm{L} \ll \omega$,于是两式可写为

$$\frac{n_+^2 - 1}{n_+^2 + 2} = \frac{\mu_0 N e^2 c^2/3}{\omega_0^2 - (\omega - \omega_\mathrm{L})^2} \tag{4.12}$$

$$\frac{n_-^2 - 1}{n_-^2 + 2} = \frac{\mu_0 N e^2 c^2/3}{\omega_0^2 - (\omega + \omega_\mathrm{L})^2} \tag{4.13}$$

显然,$n_\pm$ 为$(\omega \mp \omega_L)$的函数,而

$$n_+ - n_- = n(\omega - \omega_L) - n(\omega + \omega_L)$$

$$= -\frac{\mathrm{d}n}{\mathrm{d}\omega} 2\omega_\mathrm{L} - \frac{\mathrm{d}^3 n}{\mathrm{d}\omega^3} \frac{\omega_\mathrm{L}^3}{3} - \frac{\mathrm{d}^5 n}{\mathrm{d}\omega^5} \frac{\omega_\mathrm{L}^5}{60} - \cdots \tag{4.14}$$

忽略高次项,$\omega(\mathrm{d}n/\mathrm{d}\omega) \approx -\lambda(\mathrm{d}n/\mathrm{d}\lambda)$,可得

$$\theta = VL\boldsymbol{H}_\mathrm{e} \tag{4.15}$$

式中,L 为光在介质中通过的距离;V 为费尔德常数

$$V = \frac{e\mu_0 \lambda}{2mc} \frac{\mathrm{d}n}{\mathrm{d}\lambda} \tag{4.16}$$

V 与温度 T 无关。

在 ω 远离电子固有频率 ω_0 的区域,即正常色散区,由式(4.7)和式(4.9)得

$$n_+ - n_- = -\frac{\mu_0 N e^2 c^2}{m} \frac{1}{\left(\omega_0^2 - \omega^2 - \dfrac{Ne^2}{3\varepsilon_0 m}\right)^2} \frac{\omega}{n} \times 2\omega_\mathrm{L} \tag{4.17}$$

式中,$n = (n_+ + n_-)/2$。

将式(4.17)代入式(4.14),积分并展开得

$$n = \left[\frac{\mu_0 N e^2 c^2}{2m\left(\omega_0^2 - \dfrac{Ne^2}{3\varepsilon_0 m}\right)}\right]^{1/2} \times$$

$$\left[1 + \frac{1}{2} \frac{\omega^2}{\omega_0^2 - \dfrac{Ne^2}{3\varepsilon_0 m}} + \frac{3}{8} \frac{\omega^4}{\left(\omega_0^2 - \dfrac{Ne^2}{3\varepsilon_0 m}\right)} + \cdots\right] + 常数 \tag{4.18}$$

因为,$\omega \propto 1/\lambda$,式(4.18)可改写为

$$n = a' + \frac{b'}{\lambda^2} + \frac{c'}{\lambda^4} + \cdots \qquad (4.19)$$

式(4.19)即为熟知的柯西经验公式。将此式代入式(4.14)得正常色散区的费尔德常数 V 为

$$V = \frac{e\mu_0}{mc}\left(\frac{b}{\lambda^2} + \frac{c}{\lambda^4} + \cdots\right) \qquad (4.20)$$

式中，$b = -b'$，$c = -2c'$。

式(4.20)表明，在正常色散区内，抗磁性介质的费尔德常数 V 随光波长变短而迅速增大，这意味着光波长 λ 越短，法拉第旋转 θ 越大，可见光谱区的 θ 要比红外区的 θ 大得多，其增大的幅度与系数 b、c 有关，这一结论在其他磁性的介质中也是适用的。

从式中还可以看出，费尔德常数与波长的平方成反比(忽略高次项)。

4.4　温度对介质法拉第效应的影响

4.4.1　温度对介质法拉第效应影响的实验测试

以空气作为磁致旋光介质，在大螺线管中装一个温度控制仪，以便对介质所处的环境温度做一个实时监控。选用波长为 532 nm 的半导体激光器作为光源，调制电流为 0.75 A，温度从 13℃到 26℃之间变化，光线来回反射 15 次，数据的处理同前。不同温度、同一波长下空气的法拉第效应见表4.6。

表4.6　不同温度、同一波长下空气的法拉第效应

波长 /nm	螺线管 电流/A	磁感应强度/Gs $B = \dfrac{342.3 \times I}{3.0}$	反射次数 N	检偏器转角 $\theta/(')$	$V = \dfrac{\theta}{B \times L}$ $/[(') \cdot Gs^{-1} \cdot cm^{-1}]$	温度 /℃
532	3.82	435.862	15	1.387 296 443	6.631×10^{-6}	13

续表 4.6

波长 /nm	螺线管 电流/A	磁感应强度/Gs $B = \dfrac{342.3 \times I}{3.0}$	反射次数 N	检偏器转角 $\theta/(')$	$V = \dfrac{\theta}{B \times L}$ $/[(') \cdot Gs^{-1} \cdot cm^{-1}]$	温度 /℃
532	3.72	424.452	15	1.335 892 729	6.556×10^{-6}	17
532	3.67	418.747	15	1.296 239 713	6.448×10^{-6}	20
532	3.60	410.760	15	1.248 508 058	6.332×10^{-6}	23
532	3.52	401.632	15	1.112 504 927	5.770×10^{-6}	26

从表中可以看出,空气的费尔德常数与温度有关,随着温度的升高,费尔德常数逐渐减小。明显可以看出,气体的费尔德常数很小,且温度越高越难以观测,这也是很多文献中对气体的测量都选择低温零度的原因。而本书的实验系统实现了对微小角的观测,使得气体的费尔德常数能够在常温下进行观测。

4.4.2 温度对介质法拉第效应影响的理论解释

在顺磁性介质,如磁化率 χ 的温度特性遵守居里 – 外斯定律的顺磁性介质,其内部最近邻原子或离子的电子自旋之间存在着较为微弱的交换作用。在经典理论中,可将交换作用等效为外斯分子场 $H_\lambda = \lambda M$,相应地,H_ν 场可写为

$$H_\nu = \nu M = \nu\chi H_e \tag{4.21}$$

式中,ν 为与分子场系数 λ 有关的系数,由于 H_ν 场较为微弱,可以证明 $\omega_L \ll \omega$ 依然成立。仍可用抗磁性介质情形的方法计算:

$$\theta = \frac{e\mu_0 \lambda L}{2mc}\frac{dn}{d\lambda}(H_e + H_\nu) = V_p L H_e \tag{4.22}$$

式中,λ 为光在真空中的波长,V_p 为

$$V_p = V(1 + \nu\chi) = \frac{e\mu_0}{mc}\left(\frac{b}{\lambda^2} + \frac{c}{\lambda^4} + \cdots\right)(1 + \nu\chi) \tag{4.23}$$

显然,大部分顺磁性介质中的费尔德常数 V_p 具有温度特性,FR 系列的顺磁性铽玻璃是一种应用广泛的磁光玻璃(magnetooptical glass),其法拉第旋转 θ 或费尔德常数 V_p 的色散特性遵守式(4.23)。

居里 – 外斯定律为

$$\chi = \frac{c}{T - T_p} \tag{4.24}$$

将式(4.24)代入式(4.23)可得

$$\frac{V_p}{\chi} = G(1 + RT) \tag{4.25}$$

式中

$$G = \frac{V(\nu c - T_p)}{c}$$

$$R = \frac{1}{\nu c - T_p} \tag{4.26}$$

式中,c、T_p 分别为居里常数和顺磁居里温度。

可以看出,温度与费尔德常数也是成反比的,抗磁性介质的费尔德常数 V_p 一般较顺磁性介质的小。

4.4.3　误差分析

(1)由于在倍频法中输出波形是否达到二倍频仍需依赖人眼判断,这就引入了主观误差,限制了精度的进一步提高。

(2)从表 4.6 中可以看出,螺线管的读数不稳定,整个读数呈下降趋势。实验过程中,打到探测器上的光点会发生微小位移,这就说明光源本身也是不稳定的。调制器电源开的时间一长,温度就很快升高,电流也呈下降趋势。因此,这些实验仪器都会对实验有影响。

(3)实验过程中发现,由于实验测试系统中多次镜面反射,因此探测器接收到的光不稳定,造成示波器上的读数动荡,因此外界环境及实验操作都会影响到实验结果。

(4)刻度尺上的读数误差。利用计算机程序,对多种调制信号的倍频法进行了模拟,发现采用矩形波作为调制信号的倍频法,具有较明显的优点。

采用矩形波作为调制信号时,输出信号在一般情况下仍是矩形波,而相应的李萨如图形则退化为几个离散点。

图4.15所示为矩形波调制的输入波形,信号频率50 Hz,占空比1:1,引起的摆角幅度为1°。输出信号为与输入信号形状相同的矩形波(同频率、同占空比)。

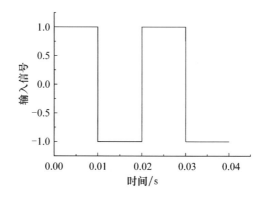

图4.15 矩形波调制的输入波形

随着检偏器透振方向与入射光的初始偏振方向之间夹角 θ 的变化,输入信号的振幅也发生变化,当 $\theta = 45°$ 时,振幅达到最大;而随着 θ 接近0°或者90°,振幅逐渐变小;当 $\theta = 0°$ 或者 $\theta = 90°$ 时,振幅为零,输出信号完全变为直流信号。

图4.16所示为矩形波调制的输出信号波形,分别为 $\theta = 45°$ 和 $\theta = 90°$ (消光位置)时的输出波形。

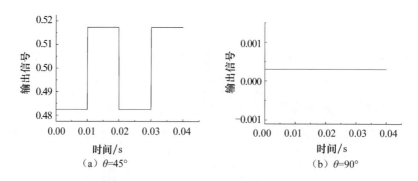

图4.16 矩形波调制的输出信号波形

　　然后将输入信号作为 X 分量,输出信号作为 Y 分量,观察其合成波形也就是李萨如图形。在模拟中发现,李萨如图形为两个孤立的点。两点间的水平距离即为输入信号的振幅,在输入信号不变的情况下,两点间的水平距离保持不变。随着 θ 的变化,两点间的垂直距离将发生变化。

　　图 4.17 所示为 $\theta = 45°$ 时矩形波调制的李萨如图形的合成波,两点间垂直距离达到最大。

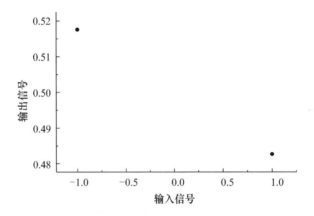

图 4.17　$\theta = 45°$ 时矩形波调制的李萨如图形的合成波

　　随着 θ 接近 0° 或者 90°,其垂直距离逐渐减小,当 $\theta = 0°$ 或者 $\theta = 90°$ 时,两点达到同一高度。图 4.18 所示为 $\theta = 90°$ 时矩形波调制的李萨如图形的合成波。

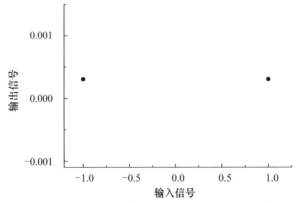

图 4.18　$\theta = 90°$ 时矩形波调制的李萨如图形的合成波

　　如果给输入输出信号之间引入一定相位差,李萨如图形将变为呈矩形分布的 4 个孤立点。随着 θ 的变化,对应点之间的垂直距离将发生改变。

当 $\theta=45°$ 或者 $\theta=90°$ 时,上下两点将重合为一点,如图 4.19 所示的输入输出信号存在相位差时的李萨如图形。这表明可以利用李萨如图形上两点是否重合来判断是否达到消光位置。

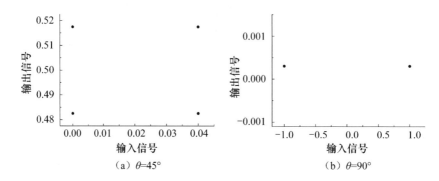

图 4.19　输入输出信号存在相位差时的李萨如图形

如果采用人眼观察,矩形波调制方法通过判断两点是否重合来寻找消光位置,尽管也不能完全避免主观性,但显然要比前述正弦波调制方法中判断 ∞ 字形曲线是否对称要容易和准确,更比判断输出波形是否达到二倍频正弦波形容易和准确。

在模拟中发现,这一方法的测量精度优于 $0.001°$。若要实现自动测量,则可以用电子系统自动检测输出信号是否达到直流,这是容易做到的。而在正弦波调制方法中,若要用电子方法自动检测输出信号是否达到二倍频正弦波形则是相对比较困难的。

通过以上模拟,可以得出如下结论。

(1)从计算机模拟的结果可以看到,与基于正弦波信号的磁光交流调制法相比,基于矩形波信号的磁光调制法使用更方便,测量精度更高,也容易实现自动测量,具有一系列明显的优点。矩形波信号是最常用的信号波形之一,多数的信号发生器都可以产生矩形波信号,因而这一方法具有良好的应用价值。

(2)计算机模拟所描述的是一种理想情况,而实际中的调制信号不可能是完全理想的矩形波信号,调制器、探测器的其他效应及噪声也会导致结果与理想情况不同。接下来将通过实验进一步详细研究基于矩形波信号的磁光调制方法。

4.5　基于矩形波信号的磁光调制法的实验模拟

磁光调制技术具有重要的应用价值,且已经在光信息处理等方面得到了应用,同时磁光调制原理也被用于偏振角度检测。随着全光纤磁光调制技术的进展,磁光调制将受到更多的关注。目前关于磁光调制的研究主要局限于正弦波调制,并且存在着大多着眼于具体应用和比较零散的问题。

为了更好地研究磁光调制,利用输出信号与调制信号合成李萨如图形对输出信号进行分析。这种方法,可以对输出信号的相位、幅度等特性进行分析,具有直观、方便的特点,同时在确定消光或光强最大位置时,李萨如图形方法也具有更高的精度。

4.5.1　磁光调制的基本概念

磁光调制的基础是法拉第效应,即线偏振光通过磁光介质,其传播方向与介质磁化强度矢量 M 共线时,光的偏振面会发生旋转。图 4.20 所示为磁光调制器原理。

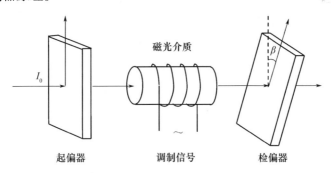

图 4.20　磁光调制器原理

利用法拉第效应,在两个偏振器之间插入内置磁光介质的螺线管,螺线管通以交变电流,可以构成一个磁光调制器。设由交变电流产生的交变磁场 H 引起的法拉第旋转为 θ_t,检偏器与起偏器偏振方向的夹角为 β,输入光

强为 I_0,则系统的输出光强为

$$I(\beta + \theta_t) = I_0\cos^2(\beta + \theta_t) \qquad (4.27)$$

用正弦波交变电流输入螺线管,则在其轴线方向上产生一个正弦变化的交变磁场,由此引起的交变法拉第旋转 θ_t 为

$$\theta_t = \theta_{t0}\sin \Omega t \qquad (4.28)$$

式中,θ_{t0} 是 θ_t 的幅度,称为调制幅度。由以上可知,当 β 一定时,输出光强 I 随 **H** 而变化,这就是磁光调制。

磁光调制的基本特性如下。

①当 θ_{t0} 为定值时,磁光调制幅度随 β 而变化。当 $\beta = 45°$ 时,磁光调制幅度最大。

②当 $\beta = 90°$ 时,即两偏振器处于正交位置时,输出信号的频率是输入调制信号频率的 2 倍,可以通过检测输出光强的倍频信号,确定两偏振器处于正交(消光)位置。

③当 $\beta = 0°$ 时,输出信号的情况与 $\beta = 90°$ 时类似,可以通过检测倍频信号,确定两偏振器处于平行(光强最大)位置。

磁光调制的原理是基于正弦波调制的,其他几种常用波形可否用于磁光调制,特性如何,接下来将借助计算机模拟对此做出回答。根据磁光调制的原理并结合李萨如图形方法,分别对正弦波、三角波、锯齿波及方波磁光调制进行计算机模拟,模拟中有关参数的定义同前,同时定义输出信号对调制信号的相位延迟为 $\Delta\varphi$,输入光强 I_0 取值为 50。

4.5.2 正弦波磁光调制

理想线偏振光情况模拟表明,正弦波磁光调制具有以下特点。

(1)在适当的调制幅度 θ_{t0} 下,当 $\beta = 45°$ 时,磁光调制幅度最大,输出信号无失真(反相)。当 $\beta = 0°$ 及 $\beta = 90°$ 时,输出信号的频率是输入调制信号频率的 2 倍。此三种情况下,输出信号均为无畸变的正弦波。图 4.21 所示为正弦波调制 $\theta_{t0} = 4°$ 时,β 由 $0°$ 增加至 $90°$ 过程中,输出波形随 β 的变化情况。可见在 $\beta = 45°$ 时,输出信号的幅度最大。输出信号的最大幅度与最小幅度(倍频信号)的比值约为 28.57。波形变化的规律是:当 $\beta = 0°$ 时,输出

信号为倍频的正弦波;随着 β 的增大,波形畸变,并逐渐向标准正弦波演化;
当 $\beta = 45°$ 时,输出信号为标准的正弦波;然后波形反向畸变,当 $\beta = 90°$ 时,波
形为与 $\beta = 0°$ 时反向的倍频正弦波。

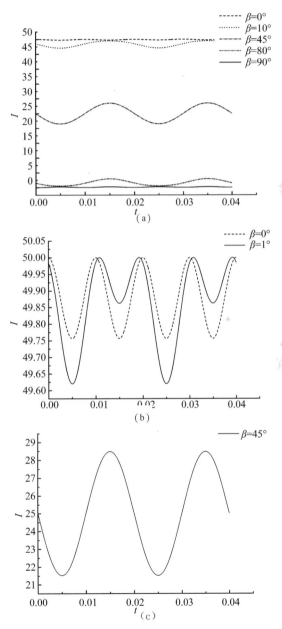

图 4.21　正弦波调制,$\theta_{r0} = 4°$,β 由 $0°$ 增加至 $90°$ 过程中,输出波形随 β 的变化情况

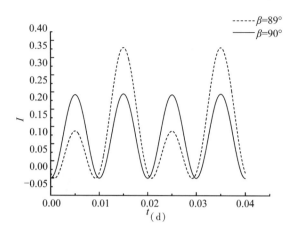

续图 **4.21**

图 4.22 所示为正弦波调制, $\beta = 0°$, $\Delta\varphi = 0$ 时, 输出波形随 θ_{t0} 的变化情况。

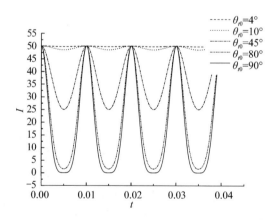

图 4.22 正弦波调制, $\beta = 0°$, $\Delta\varphi = 0$ 时, 输出波形随 θ_{t0} 的变化情况

图 4.23 所示为正弦波调制, $\beta = 45°$, $\Delta\varphi = 0$ 时, 输出波形及李萨如图形随 θ_{t0} 的变化情况。

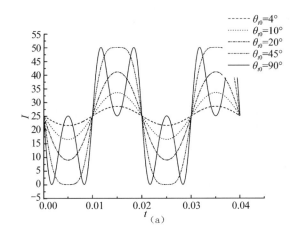

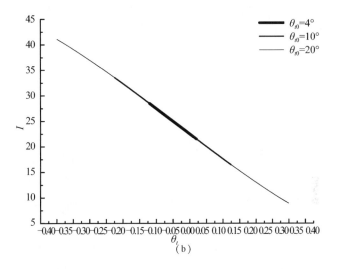

图 4.23 正弦波调制,$\beta = 45°$,$\Delta\varphi = 0$ 时,输出波形及李萨如图形随 θ_{r0} 的变化情况

图 4.24 所示的正弦波调制,$\theta_{r0} = 4°$,$\Delta\varphi = 0$ 时,利萨如图形随 β 的变化情况。

(2)当 $\beta = 0°$ 及 $\beta = 90°$ 时,θ_{r0} 的有效变化范围是 $0° \sim 45°$;当 $\theta_{r0} = 45°$ 时,可得到幅度最大的无明显畸变的正弦波输出信号;当 $\theta_{r0} > 45°$ 时,输出信号幅度继续增大,但波形的畸变也将增大,如图 4.22 所示;当 $\beta = 45°$ 时,θ_{r0} 的有效取值范围小于 $10°$,如图 4.23 所示。

(3)正弦波磁光调制在 $\beta = 0°$ 或 $\beta = 90°$ 时,输出的倍频信号为正弦波,

若 β 的角度稍有偏离,波形即发生畸变,目测情况下其偏振角度检测精度可达到 $0.005°$,已高于现有的其他偏振检测系统。

(4)图 4.24 所示为 $\theta_{t0}=4°$ 情况下, β 增加的过程中,李萨如图形的变化趋势。随着角度的增大,抛物线左端抬起并逐渐伸直,高度增加;当 $\beta=45°$ 时,李萨如图形成左高右低的直线段,其高度达到最大;然后其左端逐渐下降,逐渐弯曲,同时高度下降,当 $\beta=90°$ 时,成为开口向上的抛物线。李萨如图形的最大高度与最小高度的比值约为 28.57 。当调制信号与输出信号有相位差时,李萨如图形的变化与一般情况下的相同。

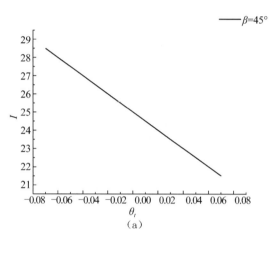

(a)

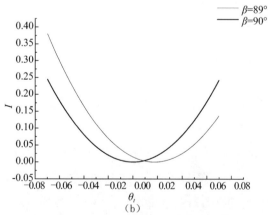

(b)

图 4.24　正弦波调制, $\theta_{t0}=4°$, $\Delta\varphi=0$ 时,利萨如图形随 β 的变化情况

(5)以上内容模拟了理想线偏振光情况下,正弦波磁光调制的有关特性。出于对实际情况的考虑,还对入射光为非理想线偏振光,即部分偏振光的情况进行了模拟。图 4.25 所示为正弦波调制,$\beta = 90°$时,透射光强、输出信号幅度与偏振度的关系曲线。可见,透射光强、输出信号幅度与偏振度之间呈非线性关系,随着入射光偏振度的降低,透射光强的增大及输出信号幅度的减小经历了一个逐渐加快的过程。入射光为部分偏振光的正弦波磁光调制的模拟结果,对磁光调制技术的研究与应用具有一定的指导意义。

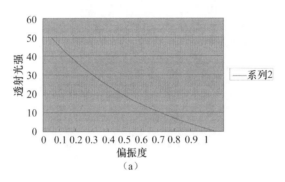

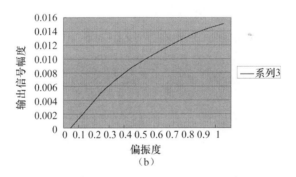

图 4.25 正弦波调制,$\beta = 90°$时,透射光强、输出信号幅度与偏振度的关系曲线

4.5.3   方波磁光调制

方波磁光调制的模拟结果如下。

(1)当 $\beta = 0°$ 及 $\beta = 90°$时,输出信号为直流,直流的幅度在 $\theta_{t0} = 0°$ 时最大,且随 θ_{t0} 的增大而减小;直流的幅度在 $\theta_{t0} = 90°$时为 0。其余情况下,输出信号均为反相方波。

（2）θ_{t0} 的有效变化范围是 $0 \sim 90°$，当 $\theta_{t0} = 45°$ 且 β 不等于 $0°$ 和 $90°$ 时，可得到幅度最大的方波输出信号。方波调制不存在输出信号周期改变及波形畸变问题，因而调制信号幅度不受小角度限制。

（3）方波磁光调制用于偏振角度检测具有高于前 3 种磁光调制的精确度，目测情况下可达 $0.001°$。

图 4.26 所示为方波调制，$\theta_{t0} = 4°$，$\Delta\varphi = 0$ 时，输出波形及李萨如图形随 β 的变化情况。

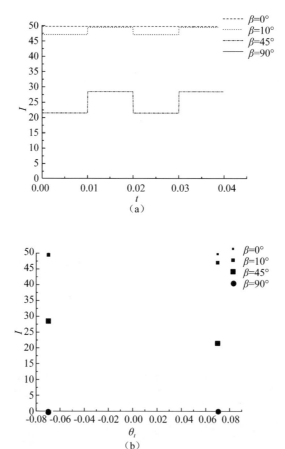

图 4.26　方波调制，$\theta_{t0} = 4°$，$\Delta\varphi = 0$ 时，输出波形及李萨如图形随 β 的变化情况

（4）方波磁光调制在 $\beta = 0°$（或 $90°$）时，输出直流信号，其李萨如图形为两个水平排列的点，两点之间的距离反映了调制幅度 θ_{t0} 的大小，点的高度反映了输出直流信号的大小。图 4.27 所示为方波调制,$\beta = 0°$,$\Delta\varphi = 0$ 时,李萨如图形随 θ_{t0} 的变化情况。在 β 为其他值时,其李萨如图形为两个高度不同(左高右低)的点,高度差等于输出信号的幅度;当调制信号和输出信号之间有相位差时,其李萨如图形为 4 个点,4 个点呈矩形分布,且分布与相位差的大小无关(图 4.28 中 $\Delta\varphi = \pi/2$ 与 $\Delta\varphi = 4\pi/5$ 的李萨如图形点位重合),其中在相位差为 π 时,李萨如图形为右高左低的两个点。

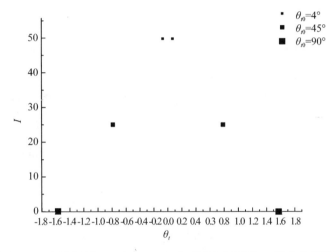

图 4.27 方波调制,$\beta = 0°$,$\Delta\varphi = 0$ 时,李萨如图形随 θ_{t0} 的变化情况

图 4.28 所示为方波调制,$\beta = 89.99°$,$\theta_{t0} = 4°$时, 李萨如图形随 $\Delta\varphi$ 的变化情况。

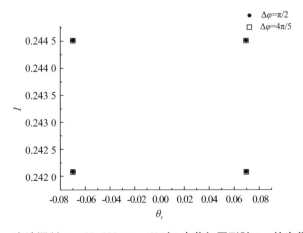

图 4.28 方波调制,$\beta = 89.99°$,$\theta_{t0} = 4°$时, 李萨如图形随 $\Delta\varphi$ 的变化情况

4.5.4　三角波和锯齿波的磁光调制

1.三角波磁光调制

这里选择了与正弦波走势相似的三角波,得到的三角波调制特性如下。

(1)小角度调制情况下,当 $\beta = 45°$ 时,磁光调制幅度最大,输出信号为无畸变的反相三角波;当 $\beta = 0°$(或 $90°$)时,输出信号的周期是输入调制信号周期的一半,但不是三角波,称此时的输出信号为准倍频信号。在 $\theta_{t0} > 45°$ 后,准倍频信号幅度增大,波形发生明显畸变。三角波调制的波形变化规律与正弦波调制大体相同。

(2)当 $\beta = 45°$ 时, θ_{t0} 的有效取值范围小于 $10°$, θ_{t0} 的取值规律与正弦波调制相同。

(3)三角波调制用于偏振角度检测具有与正弦波调制相同的精确度。

(4)三角波调制的李萨如图形变化规律与正弦波调制相同。

2.锯齿波磁光调制

锯齿波磁光调制模拟结果如下。

(1)在小角度调制之下,当 $\beta = 45°$ 时,磁光调制幅度最大,输出信号无失真(反相);当 $\beta = 0°$(或 $90°$)时,输出信号的周期与调制信号周期相同,与三角波调制相比波形相同但周期加倍。在 $\theta_{t0} > 45°$ 后,输出信号幅度增大,波形发生明显畸变。

(2)波形的变化规律同前,只是在 $\beta = 0°$(或 $90°$)时,无倍频或准倍频现象。

(3)锯齿波磁光调制用于偏振角度检测的精确度与正弦波磁光调制相同。

(4)锯齿波磁光调制的李萨如图形变化规律同前。当 $\beta = 0°$(或 $90°$)时,调制信号与输出信号之间的相位差在 $0 \sim \pi$ 范围内变化时,锯齿波调制的李萨如图形与三角波调制的李萨如图形相比图形相同但变化有所不同,出现相同李萨如图形时,锯齿波调制的相位差是三角波调制相位差的 2 倍。

通过模拟发现,正弦波磁光调制、三角波磁光调制和锯齿波磁光调制的李萨如图形有着相同或相似的变化规律。三角波磁光调制及锯齿波磁光调制用于信号调制时,与正弦波磁光调制相比没有优势;用于偏振角度检测时,三种磁光调制难分高下。与正弦波相比,三角波及锯齿波调制信号较难得到,而方波磁光调制则无论用于信号调制还是用于偏振角度检测,均有其独特和优异之处,有进一步研究的必要。因而接下来对正弦波与方波磁光调制进行对比性实验验证。

4.5.5　正弦波与方波磁光调制的实验研究

结合李萨如图形法的磁光调制实验装置示意图如图4.29所示。

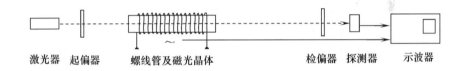

激光器　起偏器　　螺线管及磁光晶体　　　　　检偏器　探测器　　示波器

图4.29　结合李萨如图形法的磁光调制实验装置示意图

实验中使用的光源为532 nm、5 MW半导体激光器;法拉第旋转器使用长度为10 cm,直径为2.5 cm,匝数为3 000的螺线管;内置长度为8 cm,直径为1 cm的ZF6光学玻璃作为旋光材料;调制信号的信号源由信号发生器加功放组成,可产生电压为0～120 V,频率为0～20 kHz的常用波形调制信号;所用示波器同前。

1. 正弦波磁光调制实验研究

使用不同频率的调制信号,对正弦波磁光调制进行实验研究。

以下是正弦波磁光调制在消光、磁光调制幅度最大,光强最大各个位置,对应于不同调制频率的输出光谱。

图4.30所示为正弦波磁光调制的输出光谱,对应于不同频率、不同β,图中依次为$\beta = 90°$(消光)、99°、81°(磁光调制幅度最大)及0°(光强最大)。

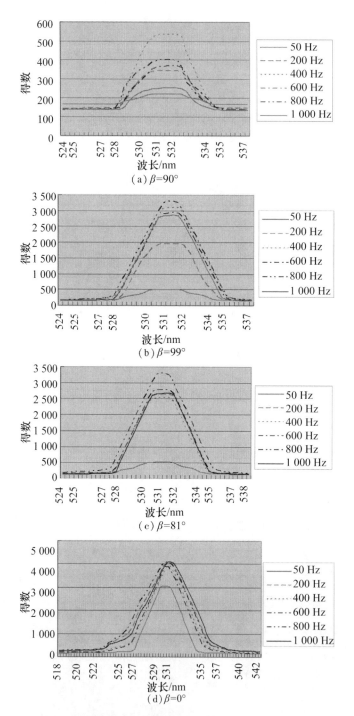

图 4.30　正弦波磁光调制的输出光谱,对应于不同频率、不同 β

图 4.31 所示为正弦波调制中,磁光介质的输入及输出光谱。

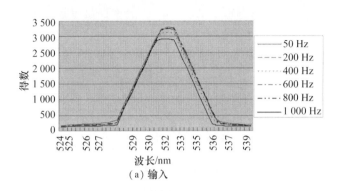

（a）输入

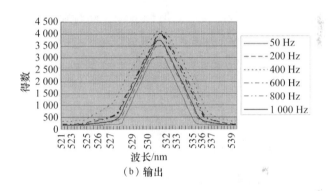

（b）输出

图 4.31　正弦波调制中,磁光介质的输入及输出光谱

实验表明:

（1）在适当的调制幅度下,消光位置左右约 9°处为磁光调制幅度最大位置。在消光位置,输出信号的频率是输入调制信号频率的 2 倍。输出信号的最大幅度与最小幅度(倍频信号)的比值为 8.4(随着调制信号频率的提高,此比值有所下降),远小于理想情况。在光强最大位置,输出信号的幅度接近为零(图中李萨如图形有抖动,是激光器输出光强不稳所致)。

磁光调制幅度最大位置与消光位置之间的夹角以及输出信号最大幅度与倍频信号幅度的比值小于理想情况(分别为 45°及 28.57°),同时在光强最大位置输出信号幅度为零的现象以前没有人讨论过,这里称其为限幅效应。两个磁光调制幅度最大位置与消光位置之间的夹角以及两个输出信号最大幅度与倍频信号幅度的比值呈对称关系。经过对实验数据的分析,可以排除探测器及检偏器限幅的可能,初步认定这种效应的原因是,磁光介质对光的损耗与光强成正关联关系。

(2)在消光位置,正弦波磁光调制的偏振角度检测精度优于0.01°,在光强最大位置,其偏振角度检测精度约为1°。限幅效应降低了光强最大位置的偏振角度检测精度。

(3)理想情况下调制信号频率不受限制。实际上调制信号频率的限制因素主要有两个,一个是随着调制信号频率的提高,螺线管的感抗增大,调制信号的电压要随之提高;另一个是由于磁光介质的损耗等原因,随着调制信号频率的提高,输出信号的幅度会有所下降。同时随着调制信号频率的提高,出射光的偏振度有所上升。

(4)正弦波磁光调制输出光谱的基本特性是有衰减介质的透射光谱特性,光谱的宽度随着调制信号频率的上升而有所增加,说明介质的损耗有所降低,但效应不明显。

2. 方波磁光调制实验研究

以下是方波磁光调制在消光、磁光调制幅度最大,光强最大各个位置,对应于不同调制频率的输出光谱。

图 4.32 所示为方波磁光调制的输出光谱,对应于不同频率、不同 β,图中依次为 $\beta = 90°$(消光)、99°及81°(磁光调制幅度最大)、0°(光强最大)。

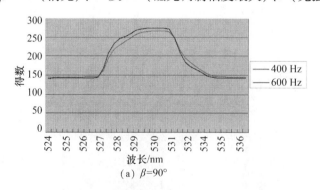

图4.32 方波磁光调制的输出光谱,对应于不同频率、不同 β

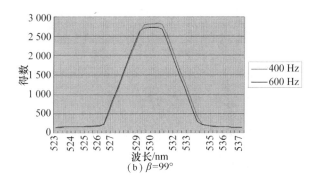

(b) $\beta=99°$

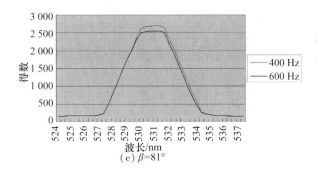

(c) $\beta=81°$

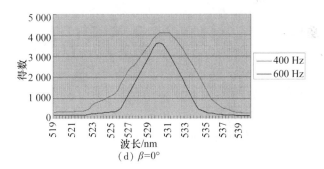

(d) $\beta=0°$

续图 4.32

图 4.33 所示为方波调制中,磁光介质的输入及输出光谱。

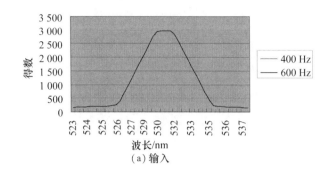

(a) 输入

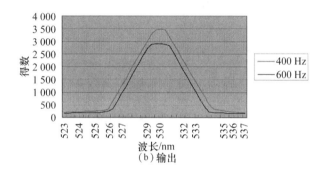

(b) 输出

图 4.33 方波调制中,磁光介质的输入及输出光谱

实验表明:

(1)在消光位置左右约 9°处为磁光调制幅度最大位置(原因与正弦波磁光调制情况相同)。在消光位置及光强最大位置,输出信号的幅度为零。方波磁光调制同样有限幅效应。

(2)在消光位置,方波磁光调制的偏振角度检测精度优于 0.01°,在光强最大位置,其偏振角度检测精度约为 1°,与正弦波磁光调制相同。

(3)方波磁光调制的调制频率特性与正弦波磁光调制相似。

(4)本实验得到的李萨如图形与理想情况有较大的差异,这是因方波调制信号在推动法拉第旋转器的过程中,波形圆滑化,使得输出信号波形发生了较大畸变的结果。

(5)方波磁光调制的输出光谱也是典型有衰减介质的透射光谱。随着调制信号频率的上升,输出光谱变窄,说明介质的衰减有所增大,这点与正弦波磁光调制有所不同。同时随着调制信号频率的提高,出射光的偏振度有所上升,这点与正弦波磁光调制相同。

4.5.6　磁光调制有关问题的讨论与分析

1. 关于正弦波调制幅度的小角度近似的讨论

目前对正弦波调制幅度的小角度近似问题,各种资料的提法不尽一致,有的资料还得出了"当 $\beta = 45°$ 时, $\theta_{t0} = 45°$ 磁光调制幅度最大"的结论。而模拟表明:当 $\beta = 45°$ 时, θ_{t0} 的有效取值范围小于 $10°$,当 $\beta = 0°$(或 $90°$)时, θ_{t0} 的有效取值范围为 $0° \sim 45°$,与前面资料的结论矛盾。因此,应再进行分析。

$$
\begin{aligned}
I(\beta + \theta_t) &= I_0 \cos^2(\beta + \theta_t) \\
&= I_0(\cos^2\beta\cos^2\theta_t - 2\cos\beta\sin\beta\cos\theta_t\sin\theta_t + \sin^2\beta\sin^2\theta_t)
\end{aligned}
$$

$$(4.29)$$

当 $\beta = 45°$ 时

$$
I(\beta + \theta_t) = I_0/2(1 - \sin^2\theta_t) \tag{4.30}
$$

θ_{t0} 为小角度时,有

$$
I(\beta + \theta_t) = I_0/2(1 - 2\theta_t) = I_0/2(1 - 2\theta_{t0}\sin\varOmega t) \tag{4.31}
$$

当 $\beta = 0°$ 时

$$
I(\beta + \theta_t) = I_0\cos^2\theta_t = I_0(1 - \sin^2\theta_t) \tag{4.32}
$$

θ_{t0} 为小角度时,有

$$
I(\beta + \theta_t) = I_0(1 - \theta_t^2) = I_0/2(2 - \theta_{t0}^2 + \theta_{t0}^2\cos^2\varOmega t) \tag{4.33}
$$

当 $\beta = 90°$ 时

$$
I(\beta + \theta_t) = I_0\sin^2\theta_t \tag{4.34}
$$

θ_{t0} 为小角度时,有

$$
I(\beta + \theta_t) = I_0\theta_t^2 = I_0\theta_{t0}^2/2(1 - \cos^2\varOmega t) \tag{4.35}
$$

可见,只有在 θ_{t0} 为小角度的情况下,输出光强才可以表示成 $\varOmega$(调制频率)或 $2\varOmega$ 的正弦(或余弦)函数。据分析,之所以在 $\beta = 0°$(或 $90°$)情况下 $\theta_{t0} = 45°$ 时才出现波形畸变,是因为倍频信号幅度很小,目测情况下不能发现其很小的波形畸变(在 $\beta = 45°$ 的大信号情况下,也是在 $\theta_{t0} \geqslant 45°$ 时波形畸

变才比较明显)。当然这也同时表明,正弦波磁光调制用于信号处理时,应遵守小角度调制规则,而用于偏振检测时,可适当放宽角度限制。

2. 关于李萨如图形方法的讨论

使用李萨如图形方法,可以对输出信号的相位、幅度等特性进行直观的实时分析,具有其他方法所不具备的方便快捷、可同时分析多种参数的优势。同时,李萨如图形方法在提高偏振检测的精度方面,也有着独特的优势,下面分别就正弦波调制和方波调制情况进行对比分析。

有关偏振光的测量中最重要的内容就是精确测定出射光的偏振方向。消光法根据透射光强随检偏器转动的变化来确定透射光强最小的位置即消光位置。由于消光位置附近光强变化率较小,确定消光位置较困难,用人眼观察来确定,精度较差,若用光探测器辅以适当检测电路,则精度可得到一定的提高,但精度还是不能令人满意。采用半荫法可以在一定程度上提高测量的准确性,但半荫法仅适于人眼观察,精度难以很高,同时也无法实现自动检测。

基于磁光调制原理的倍频法是一种重要的高精度偏振光检测方法。通过观察倍频信号的出现,可以较精确地确定出消光位置,实现较高精度的测量,其测量精度大大高于消光法(可达到 ±0.02°)。同时由于光源及光路中元件的不稳定一般只影响信号的幅值而不影响频率,因而倍频法具有较强的抗干扰性。然而由于倍频法输出波形是否达到倍频仍需依赖于人眼判断,限制了其精度的进一步提高。同时这一方法实现自动测量也比较困难。

倍频法常用的方法是将调制信号与倍频信号输入双踪示波器,将二者波形进行对比观察而确定是否达到倍频。由于波形观察依赖于人眼判断,对于输出信号是否完全达到倍频正弦波形的判断存在一定的主观误差,这就使该方法精度的提高受到了制约。

如果将调制信号与输出信号分别作为 X 分量和 Y 分量输入示波器,当达到倍频状态时,其李萨如图形将是一个对称的二次抛物线,观察该抛物线是否对称,就可以判断是否达到倍频。

进一步,给输入输出信号之间引入相位差。由于相位差的存在,李萨如图形成为类似∞字形的图形。如图4.34(a)所示,达到倍频状态时,∞字形曲线将左右对称,曲线的交叉点将位于图形水平方向的正中位置,借助于示波器的网格,可以较精确判定交叉点是否处于中心位置,从而判断是否达到倍频。从图4.34(b)可看到,当偏离消光位置0.02°时,曲线已经明显不对称了。事实上,在模拟中发现其测量精度可达到0.005°左右,明显比以双踪示波器直接观察输出波形的测量精度要高。

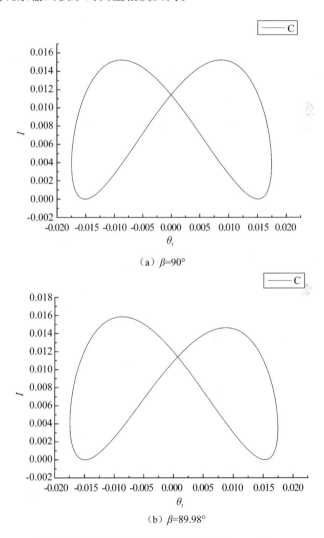

(a) $\beta=90°$

(b) $\beta=89.98°$

图4.34　正弦波调制的李萨如图形($\Delta\varphi=\pi/3$)

尽管如此,李萨如图形对称性的判断仍旧依赖于人眼观察,从而引入了主观误差,限制了其测量精度的进一步提高,也难以实现自动测量。若想用电子方法精确测量输出波形的频率或者判断李萨如图形是否达到对称,其实现难度较大。

当采用方波作为调制信号时,输出信号在一般情况下仍旧是方波,而相应的李萨如图形为几个离散点。

如果用人眼观察,方波调制方法通过判断两点是否在一个水平线上来确定消光位置,尽管也不能完全避免主观性,但显然要比前述正弦波调制方法中判断∞字形曲线是否对称要容易、准确,更比判断输出波形是否达到倍频正弦波形容易和准确。在模拟中发现,这一方法的测量精度优于0.001°。如果要实现自动测量,则可以用电子系统自动检测输出信号是否达到直流,这是比较容易做到的。

3. 两种磁光调制的比较与讨论

(1)正弦波磁光调制在 β 为一确定值(理论上是45°及135°,本实验中是81°及99°)时,才能实现无失真的磁光调制;而方波磁光调制在 β 为0°及90°以外的任何角度时,都可以实现无失真的磁光调制。当然方波磁光调制只有在 β 为一确定值(与正弦波磁光调制相同)时,输出信号的幅度最大。同时正弦波磁光调制实现无失真的磁光调制的前提条件是小角度调制,而方波磁光调制不受小角度的限制。磁光调制的限幅效应在降低光强最大位置检测精度的同时,也会造成正弦波磁光调制输出信号的失真,而方波磁光调制的输出信号则不受其影响。

(2)用于偏振角度检测时,目测情况下正弦波磁光调制与方波磁光调制具有大体相同的精度。由于方波磁光调制的李萨如图形为点状,判断消光及光强最大位置归结于判断点与点之间的高度差是否为0,这使其更便于计算机模拟和分析,因而具有更进一步提高偏振角检测精度的潜力。

(3)正弦波磁光调制的实际意义主要在于偏振角度检测,实际处理和传输的信号极少为正弦波;方波磁光调制则不仅对于偏振角度检测而且对于信号的处理和传输均具有实际意义,方波是数字信号的基本波形。

(4)正弦波是单频信号,用正弦波调制信号推动法拉第旋转器时,波形的畸变相对较小;方波为宽频信号,用于推动法拉第旋转器时,由于螺线管对各种频率成分的感抗不同,极易产生波形畸变。因而方波调制对法拉第旋转器的响应时间、磁滞特性的要求较为苛刻,这是方波磁光调制进入应用的不利因素。

可以看到,与正弦波磁光调制相比,方波磁光调制具有一系列明显的优点。方波是最常用的信号波形之一,其产生也并不困难,因而这一方法具有良好的应用前景。根据磁光调制原理并结合李萨如图形方法,对正弦波、三角波、锯齿波及方波磁光调制进行了计算机模拟,其中特别模拟了入射光为部分偏振光的正弦波磁光调制;在计算机模拟的基础上,对以块状磁光玻璃为磁光介质的两种典型的磁光调制——正弦波磁光调制及方波磁光调制进行了实验研究。在实验中发现两种磁光调制都存在限幅效应。限幅效应对确定消光位置的精度没有影响,但降低了确定光强最大位置的精度。

根据计算机模拟结果,讨论了正弦波磁光调制的小角度近似问题,得出了小角度近似是正弦波磁光调制的前提,但在正弦波磁光调制用于偏振角度检测时,可不必严格遵守小角度条件的结论。根据计算机模拟和实验研究的结果,对正弦波磁光调制及方波磁光调制进行了比较分析,得出了方波磁光调制具有较大应用价值和良好应用前景的结论。

磁旋光成像地球磁测方法是一个较大的技术体系,此方法是部分实验研究工作。由于大气是本探测方法的主要旋光介质,对不同条件下,(如温度、波长发生变化时)气体的费尔德常数准确、详细地考查,也是保证本探测方法能够有效运行的前提之一。

本章对测量气体的基于倍频法的实验测试装置、原理以及方法进行了系统的分析和说明。其测量精度比传统测量方法(如消光法及半荫法)要高,在计算机模拟中发现其精度可以达到 $0.005°$。对各种旋光物质(包括固体、液体和气体)的费尔德常数进行测量并且总结其随波长、温度的外界条件变化而呈现出的一系列变化规律,也使得费尔德常数的数据比较系统、全面。在一定程度上也填补了一般文献中都只对易于测量的固体和液体的费尔德常数进行测量介绍,很少有气体的介绍且数据不全面的空白。运用计算机模拟的方法,考查基于矩形波信号的磁光调制方法在偏振光检测中的运用,得出这一方法在提高测量精度方面有良好的应用价值。今后,将通过实验进一步详细研究基于矩形波的磁光调制法。

本书中倍频法是用于对空气的测量,而固体和液体则采用消光法测量,下一步工作中,将对各种液体和固体也采用精度较高的倍频法进行测量。本书内容,可使读者积累实验数据和操作经验,也可为进一步进行磁旋光成像地球磁测提供良好的实验方案。

参 考 文 献

[1] 扬诺夫斯基 Б M. 地磁学[M]. 刘洪学,译. 北京:地质出版社, 1982: 24 – 31.

[2] 倪永生. 地磁学简明教程[M]. 北京:地震出版社,1990:264 – 271.

[3] 刘公强,乐志强,沈德芳. 磁光学[M]. 上海:上海科学技术出版社, 2001: 30 – 52,227 – 23.

[4] NING Y N, CHU B C B, JACKSON D A. Miniature Faraday current sensor based on multiple critical angle reflections in a bulk – optic ring[J]. Opt Lett, 1991, 16(24): 1996 – 1998.

[5] ANGEL J R; BORRA E F, LANDSTREET J D. The magnetic fields of white dwarfs[J]. Astrophys J Suppl Ser, 1981, 45(3):457 – 474.

[6] BIGNAMI G F, CARAVEO P A, LUCA A D, et al. The magnetic field of an isolated neutron star from X – ray cyclotron absorption lines[J]. Nature, 2003, 423(6941):725 – 727.

[7] SPOELSTRA T A T. The galactic magnetic field[J]. Sov Phys Usp, 1977, 20(4): 336 – 342.

[8] KRONBERG P P. Galactic and extragalactic magnetic fields in the local universe: an overview[J]. AIP Conf Proc, 1998, 433(1):196 – 211.

[9] KRONBERG P P. Intergalactic magnetic fields and implications for CR and γ ray astronomy[J]. AIP Conf Proc, 2001, 558(1):451 – 462.

[10] DENNISON B. On intracluster Faraday rotation. I. Observations [J]. Astron J, 1979, 84(6):725-729.

[11] BERNARDIS P D, MASI S, MELCHIORRI F, et al. Extragalactic infrared backgrounds, polarization, and universal magnetic field [J]. Astrophys J Lett, 1989, 340(2): L45-L48.

[12] DILLON J F. Optical properties of several ferrimagnetic garnets [J]. J Appl Phys, 1958, 29(3):539-541.

[13] ROTH W L. Neutron and optical studies of domains in NiO [J]. J Appl Phys, 1960, 31(11):2000-2011.

[14] HARTMANN U. High-resolution magnetic imaging based on scanning probe techniques [J]. J Magn Magn Mat, 1996, 157(1):545-549.

[15] NATH S, SUN B, CHAN M, et al. Image processing for enhanced detectability of corrosion in aircraft structures using the Magneto-Optic Imager. Proc SPIE Int Soc Opt Eng, 1996,2945(1):96-103.

[16] 徐文耀. 地磁学 [M]. 北京:地震出版社,2003:1-63.

[17] 李国栋. 当代磁学 [M]. 合肥:中国科学技术大学出版社,1999:280-286.

[18] 赵彦. 促进科学研究和社会发展的有力工具 [N]. 科学时报,2001:7-19(B1).

[19] GERSHENZON N I, GOKHBERG M B. Earthquake precursors in geomagnetic field variations of an electrokinetic nature [J]. Izv Acad Sci USSR Phys Solid Earth, 1992, 28(9): 809-813.

[20] WIEGAND M. Autonomous satellite navigation via Kalman Filtering of magnetometer data [J]. Acta Astronautica, 1996, 38(4-8):395-403.

[21] WILSON R M. A prediction for the size of sunspot cycle 22 [J]. Geophys Res Lett, 1988, 15(2), 125-128.

[22] 李小俊,白晋涛,李永安,等. 磁旋光成像地球磁场测量方法 [J]. 自然科学进展,2007,17(9):1168-1173.

[23] 廖延彪. 偏振光学 [M]. 北京:科学出版社,2003:232.

[24]李小俊,李永安,汪源源,等.基于矩形波信号的磁光调制偏振测量方法[J].光子学报,2007,28(8):1533-1537.

[25]刘公强,乐志强,沈德芳.磁光学[M].上海:上海科学技术出版社,2001:192-195.

[26]高桦,金恩培,赵世杰,等.一种简捷的Faraday旋转倍频测量方法[J].哈尔滨工业大学学报,1994,26(1):16-18.

[27]钱小陵,常悦.磁光调制技术在光偏振微小旋转角精密测量中的应用[J].首都师范大学学报,2001,22(1):46-49.

[28]张建华,刘立国,朱鹤年,等.应用磁光调制器的高分辨率偏振消光测量系统[J].光电子·激光,2001,12(10):1041-1042.

[29]郭继华,朱兆明,邓为民.新型磁光调制器[J].光学学报,2000,20(1):110-113.

[30]郑宏志,马彩文,吴易明,等.无机械连接方位角测量系统中磁光调制的温度适应性研究[J].光子学报,2004,33(5):638-640.

[31]鲍振武,刘钊.光纤中旋光特性测量技术研究[J].天津大学学报,2003,36(2):129-132.

[32]王吉明,吴福全,封太忠,等.磁光晶体磁致偏振特性测试实验系统[J].曲阜师范大学学报,2004,30(3):51-53.

[33]刘公强,刘湘林.磁光调制和法拉第旋转测量[J].光学学报,1984,4(7):588-592.

致　　谢

　　本书将我学习期间的学术研究成果系统地进行梳理和修正、总结和提炼呈现给同行。在此期间，科学研究的那种"润物细无声"的经历和历练是最重要的收获。这种经历和历练，对于读书与学习，观察与思考，教学与研究，工作与交流，具有更深刻、更恒久的价值，可以说深深地影响了我的"三观"。

　　本课题的选题、仪器购置、实验系统的搭建等都是在导师李小俊教授的悉心指导下完成的，从实验到学习、生活等点滴事情，李老师都给予我悉心指导和帮助，在此向李老师表示最衷心的感谢。李老师严谨的治学态度、孜孜不倦的学习态度以及待人热忱的品质也深深地影响和感化着我。

　　学习期间，感谢本课题组的李小牛在整个实验过程中的合作和帮助，以及在学习生活中的热情帮助。感谢李永安、李书婷、李林在实验中的帮助。感谢学习期间所有同学给予的帮助。感谢我的家人无私无怨的支持和真诚真挚的鼓励！